Before and After Getting Your Puppy

邓巴博士养狗圣经

[美] 伊恩·邓巴◎著
姚树君◎译

当代世界出版社

图书在版编目（CIP）数据

邓巴博士养狗圣经 /（美）伊恩·邓巴著；姚树君译 .—北京：当代世界出版社，2013.11

ISBN 978-7-5090-0937-6

Ⅰ.①邓… Ⅱ.①邓… ②姚… Ⅲ.①犬－驯养 Ⅳ.① S829.2

中国版本图书馆 CIP 数据核字（2013）第 212287 号

邓巴博士养狗圣经

作　　者：[美] 伊恩·邓巴
译　　者：姚树君
出版发行：当代世界出版社
地　　址：北京市复兴路 4 号（100860）
网　　址：http://www.worldpress.org.cn
编务电话：（010）83908456
发行电话：（010）83908409
（010）83908455
（010）83908377（邮购）
（010）83908410（传真）
经　　销：新华书店
印　　刷：北京普瑞德印刷厂
开　　本：710mm × 1000mm　1/16
印　　张：14
字　　数：200 千字
版　　次：2013 年 11 月第 1 版
印　　次：2013 年 11 月第 1 次
书　　号：ISBN 978-7-5090-0937-6
定　　价：29.80 元

谨以此书缅怀爱犬伊万

献给那些真正的狗狗繁育者，他们就像关心狗狗皮毛的颜色和生理结构一样地关心狗狗的身体和心理健康。

献给知识渊博的宠物医生们，他们懂得早期的社会化训练对于预防狗狗可能出现的行为和性情上的缺点有多么重要。

献给所有有爱心和责任心的宠物犬主人，他们尽心尽责地挑选、表扬和训练他们的狗狗，让狗狗成为人类真正的伴侣。

也献给所有工作繁重的训犬师们、流浪宠物收养站的志愿者们和动物救助机构。他们的努力，帮助狗狗繁育者、宠物医生和主人们解决了许多宏观上的问题。

许多小狗都没办法活到第二年，这让人非常伤感。主人满怀热忱地把它们接回家，却又冷漠地将它们晾在一旁。就是因为它们不仅达不到主人的要求，反而养成了许多行为、训练和性情上的问题，最后只能落得在动物收养站苦熬日子的下场。许多人将狗狗的悲惨状况归咎于主人的不负责任。我认为下这种结论未免有些武断。许多即将成为宠物犬主人的人不只是不知道他们将要面对的是什么麻烦，他们也不知道如何解决或者避免这些麻烦，最终只能撒手不管。更令人遗憾的是，没有养犬经验的主人遵循了过时的训练书上一些有误导性的、错误的甚至是一看就知道不对的建议，导致了许多狗狗白白夭折。

主人缺乏基本常识其实是所有犬类相关职业者（犬类繁育者、训练者、宠物医生、动物控制官员和宠物站人员等）的责任。没能给狗狗主人足够的更简单、更快捷、更温和、更有效率和更有作用的训犬建议是包括我在内的全体犬类工作者的失误。

但是我们也有苦衷，我们在过去的二十年里见证了应用行为学的巨大变革。许多宠物工作者（以及许多狗狗主人）只是不知道在狗狗训练领域和行为纠正领域里发生了多么重大的变革。

就在二十年前，对于宠物犬的训练还要等到狗狗半岁至一岁大的时候才能开始。那时的训练仅仅是强调服从，训练中狗狗都要戴上项圈拴上狗绳。每当狗狗犯错时，惩罚是用来教狗狗改正行为的唯一方法，用食物做诱饵和奖励是训练中的禁区。

这本书问世的目的就是告诉犬类工作者和已经或者将要养狗的人，训练狗狗是一件简单、快捷并且很有乐趣的事。所有成年犬的行为、训练和性情上的问题都可以在早期通过基于奖励的亲犬式训练技巧得以解决。

这本书将会指出狗狗常犯的错误，提供训犬的日程表，并给读者提供各式各样的亲犬式预防措施和解决方案。本书强调的是早期社会化训练、封闭式训练、预防性训练和奖励训练的重要性。

教育因人而异，有的说教会很无聊，有的则风趣幽默，而我一直努力让我的文章知识性和趣味性并存。然而，教育性和娱乐性之间的平衡点很微妙，所以我会先给出一些重点，然后再针对新手必知的常识进行各个击破。

为此，本书在行文和插图中将多次重复强调这些重点问题。

为了帮助狗狗主人，让他们了解这些重要信息，我标出了六个重要发展阶段的截止期限，这是本书的核心。但是在我们看这些截止期限之前，让我们先来看看养狗之前应该考虑的事情。本书将在第一章的简介之后紧接着进行详细地阐述。

目录

第六阶段的训练

01

关于养狗这件事，什么是你立刻需要知道的

假如你有心要驯养一只狗狗，那么，首先你要确保自己有足够的训犬知识。切记，要毁掉一只原本很听话的狗狗，只需几天的时间。还有一点毋庸置疑的是，对于养狗这件事来说，最重要的阶段就是你考虑是不是要养狗的时候。好了，现在就让我们来好好学习一下如何才能训练出一只听话的狗狗。

一开始，多数的养狗新手都会惊讶地发现，他们的狗狗喜欢到处乱啃乱咬，没事就叫个不停或者在院子里挖个洞，还喜欢在屋子里随地大小便为自己标识领地。你要明白这没什么大不了的，这都只是狗狗自然的日常行为而已。

你的“小入侵者”渴望学习人类居室中存在的规矩礼仪。它们希望可以开开心心地玩耍，这没有问题，但是前提是它们得明白什么可以做，什么不可以做。不要把你屋里的规矩当作是不能说的秘密，你不主动去教狗狗却指望它能自学成才，这可不行。你要让狗狗知道这些规矩，而你就是它最好的老师。

规矩之一

在将狗狗正式地纳入你的生活之前，你要理智地思考以下几件事情：你对一只正处在生长发育期的狗狗抱有什么样的期望；它的哪些行为和特质是你无法容忍的；根据狗狗的特点，你将如何去改善它的不当行为和坏脾气。另外需要特别注意的是，主人要知道如何训练幼犬一些基本的行为规矩，譬如，什么地方需要保持安静；什么东西可以咬；什么情况下才可以吠叫；在迎接人的时候需要坐下；散步时不要像脱缰的野马；当主人发出命令时需要立即安静下来；学会抑制喜欢咬嚼的天性；学会好好地与同类相处，并对人类友好，特别是对陌生人和孩子；等等。

如何挑选一只合适的幼犬

无论你是从专业的喂养者手中还是从家养的一窝小狗崽里挑选中意的狗狗，其挑选标准都是一样的：选择那种在家庭里抚养并且一直与人类相伴、深受人类影响的狗狗，特别是之前已经受过饲主充分训练的狗狗。

你的狗狗需要对日常生活的喧闹有心理准备，比如吸尘器的轰鸣声、锅碗瓢盆的声音、从电视里传来的足球比赛的摇旗呐喊声、孩子的哭啼声、大人的争吵声等。幼犬的视力与听觉尚在发育期的时候，让它受到这些外在环境的刺激，会使狗狗在成长过程中逐渐习惯各种视觉和听觉上的刺激，以至长大后不会对其产生恐惧。

尽量避免去领养那种在室外散养或者在狗场生长的幼犬。记住，你要的是一只与你共同分享家庭生活的狗狗，所以你应该去找一只从小在这种环境下成长的狗狗。在室外或者狗场长大的狗狗并不是合格的宠物犬，它们更像牲畜，就像农场里的肉牛、肉鸡一样。它们既没有接受过家庭教育，也没有接受过社交教育，它们也不是很好的伴侣犬。所以，去找那些在厨房或起居室出生、长大的小狗崽吧。

选择什么样品种的幼犬是很私人的事情，一旦选择不当，就会产生一些不必要的麻烦。如果你心目中已经有了中意的幼犬品种，那么你就要好好查查这个品种的幼犬特有的习性及缺点，然后寻找出一种最恰当的抚养和训练方式。在作最后决定之前，你最好先试着接触几只该品种的成年犬，这会让你迅速了解你所中意的品种犬的各种细节，也会让你对在今后训练中可能会发生的困难有一个大概的了解。

万事开头难，选择仅仅是一个开始。不要以为只要从一个完美的品种中选出一只完美的幼犬，你就万事大吉了，它就能够自己成长为一只完美的成年犬。任何品种的幼犬只要训练得当都可以成为人类最好的朋友。反之，一只幼犬的品种再好、血统再纯，只要训练不当，它都会变成一只调皮捣蛋的狗狗。所以在选择狗狗的过程中一定要深思熟虑，保持理智。同时要谨记于心的是，只有通过正确的训练，你的狗狗才能在成年后变成你眼中理想的样子。

无论你的选择是怎样的，你的狗狗行为习惯和脾气品性的养成还是要靠精心的养育和训练，而成败完全在你手中。

圈养的必要性

狗狗的活动区域应该被适当限定，这样才能确保家庭驯养能够有效进行。“千里之堤，溃于蚁穴”，任何一个小失误都是潜在的大灾难。

圈养通常可分为长期和短期，两者的作用既有相似又有不同。

长期圈养有助于防止狗狗在屋子里捣乱，同时还可以让狗狗学会使用自己的厕所，学会安静地待着，玩自己的玩具。在围栏里放上它喜欢的玩具、充足的狗粮和小零食，它会渐渐喜欢上独处的感觉。

短期圈养同样可以防止狗狗在屋子里捣乱并帮助它培养好习惯。除此之外，短期圈养也会培养你的能力，让你对狗狗何时想方便能够作出一个准确的判断。这个时候，你应当引导它去可以方便的地方，并对它的行为作出奖励，久而久之，它便会形成条件反射，进而养成好的大小便习惯，这也是成功进行家庭驯养的诀窍。

一个合适的狗狗围栏里应包括舒适的狗窝、充足干净的饮水、磨牙玩具和厕所。

社会化训练刻不容缓

从你把狗狗抱进家门的那一刻开始，摆在你面前的任务就是对狗狗进行社会化训练，而你的时间已经很紧迫了。一般来说，一只成年犬的脾气品性和行为习惯，无论是好还是坏，都会在它幼年的时候成形。事实上，很多有着良好基因的狗狗都是在它出生八周左右的时候开始养成各种不良习惯的。通常，在你挑选并喂养狗狗的头几天里，你最容易犯致命性的错误，而这种错误的影响是不可逆转的。不出意外的话，这种对狗狗性情和品质的负面影响是会伴随其终生的。当然，我并不是说一只到了八周大还未接受正确的社会化训练的狗狗就没救了。只要你动作够快，还是有救的。可是比起现在费劲地亡羊补牢，干吗不在一开始就给予它足够的重视呢？那样，狗狗也不会走到这一步，而你也会轻松许多。是在一张白纸上画画，还是要先抹掉画纸上的污迹重新画画？哪一个更简单是一目了然的。更何况即使你付出了努力，你的狗狗也不可能像原先的幼犬那样容易调教。

其他一些需要引起重视的常见行为问题

决定了选择哪只狗狗之后，接下来的重要任务就是在狗狗初来乍到的时候进行正确的家庭驯养和咀嚼磨牙玩具的训练。绝不可以放纵狗狗随地便溺、乱咬乱嚼，一时的放纵带来的只会是无穷的后患，给自己找麻烦。在美国，很多主人因为早期对狗狗的放纵导致自己在后期不得不放弃驯养难缠的狗狗，因此每年有数百万只宠物犬被送去执行安乐死。听到这种结局，你还愿意再放纵你的狗狗吗？

如果狗狗被不管不顾地扔在家里，它一定会“主人不在家，狗狗当大王”，随自己的性子把家里闹个底朝天。也许这些看起来都是小事，可是，就是这些你不在乎的事情让狗狗铭记住了什么东西可以糟蹋，什么地方可以便溺——好吧，对狗狗来说其实就是“什么东西都可以糟蹋”和“什么地方都可以便溺”——等着你的就是无穷无尽的麻烦……

你应该把狗狗任意一次的错误行为看成是潜在的灾难，譬如随地便溺，破坏家具等。古人云“一叶知秋”，狗狗成年后，它的排泄物增多、咬合力变强、爪子变得更加强健有力时，你的麻烦也就跟着“长大”喽。很多养

我朋友南茜的家，在她的牧羊犬狂欢之后一片狼藉。其实只需几件磨牙玩具、充足的食物和专业的训练便能够让狗狗乐意安静地独处而不会“大闹天宫”。

只要有一次对狗狗随地便溺的放纵，那么狗狗就会混淆可以便溺和不可以便溺的区域，然后就是一错再错。

狗者在狗狗四五个月时发现它们极具破坏性，而此时主人典型的做法就是把它们圈禁起来。在孤零零被圈禁的情况下，狗狗天生的好奇心会促使它们挖洞、吠叫或者干脆逃脱圈禁，以寻求一种类似于作业疗法所带来的安慰来熬过被圈禁的一天又一天。一旦有邻居向主人抱怨狗狗不时的吠叫和频繁的“越狱”打扰到他们的生活时，主人会更加厌烦狗狗，甚至把狗狗关到车库或地下室以示惩戒。而最终，当狗狗的行为让人忍无可忍时，它就会被主人送到当地的宠物收养所，玩着乐途（一种对数字的牌类游戏），孤独终老。在宠物收养所，通常只有 25% 不到的狗狗会被重新收养，而新主人一旦发现它们各种各样恼人的毛病后，其中约一半的狗狗都会在收养不久之后被退回。

对于被禁闭在院子里无所事事而又没经过训练的幼犬来说，乱刨、吠叫和挣脱狗链简直就是家常便饭。不过只要经过训练，即使你把狗狗留在室内，上述情况就再也不会发生。

以上是很多狗狗悲惨命运的缩影，让人觉得特别遗憾的是，所有的问题其实都是可以通过简单的措施得以预防的。家庭训练和咀嚼训练并不像登天那么难，但是在你把狗狗抱回家之前，至少要了解应该怎么做。

降低狗狗乱叫频率的最好方法就是顺其自然。在狗狗吠叫的时候顺势命令它叫，同理在狗狗冷静专注的时候对它发出“安静”的命令，这样才会形成条件反射，让狗狗明白你的意思。而我们常见的错误做法则是，在狗狗非常兴奋地欢叫时呵斥它，让它安静下来，然后又在它冷静的时候命令它吠叫，随即又嘘它，让它立马噤声。

02

基本训练及其年龄限制

从狗狗进门的那一刻开始，时间便变得异常紧张，因为你的狗狗要在短短三个月内完成六项训练项目，而每一个项目都有严格的年龄限制。如果训练进度已经落后，不要灰心，毕竟狗狗还是有基础的，你可以带着它在今后的日子里奋起直追。在这所有的训练项目中，你尤其要注意狗狗与人类相处的训练以及控制啃咬行为训练的年龄限制。

六项训练项目分别为：

1. 养狗者的养狗学前教育（在开始寻找中意的狗狗之前）
2. 评估狗狗现有的训练程度（在挑选满意的狗狗之前）
3. 正确的家庭适应性训练和撕咬磨牙玩具训练（爱犬到你家的第一周）
4. 狗狗与人类相处训练（三月龄）
5. 控制啃咬行为训练（四个半月龄）
6. 适应外界环境训练（五月龄）

即使你的训练进度已经落后，也千万不要轻言放弃。首先你必须承认，你的确落后了，特别是训练中最关键的课程：训练狗狗与人类相处和学会控制啃咬行为。坦诚面对自己的错误后，你就需要尽最大的努力去追赶了。首先，你需要马上联系一名专业的宠物犬训犬师。如果你想在附近寻找，你可以致电当地宠物犬训犬师协会。然后，你还可以寻求家人、朋友和邻居的帮助，看看他们有什么补救办法。最后，你甚至可以请一到两周的假去专门地训练你的狗狗。补救越早，效果越好，损失也可以降低到最小。

相反，拖延的时间越长，麻烦就越大。

1. 养狗者的养狗学前教育

在你开始养狗之前，你最好先对养狗知识有个大概的了解。

在你开始选择你的狗狗之前，你心里要清楚，你想选择什么品种，在哪选，什么时候选。冲动是魔鬼，理智的选择才会带来天使般的狗狗。另外，你需要清楚地了解狗狗的各项训练规划及其年龄限制。养狗就像一场赛跑，从你选好狗狗的那一刻发令枪就已经打响。所以好好花时间去研读这本书，深思熟虑后再作出决定，因为狗狗的未来就掌握在你手中。

2. 评估狗狗现有的训练程度

在你选择狗狗之前（通常是在狗狗二月龄的时候），你需要知道如何从一个合格的饲养员手中选择一只让你满意的狗狗。特别需要注意的是，你要会去判断领养时狗狗已有的训练程度。一般来说，二月龄的狗狗所应具备的技能有：完全习惯了家庭环境氛围，特别是各种噪音；已经习惯被人抚摸，与人接触，特别是对男士和儿童；已经开始进行家庭适应性训练和撕咬磨牙玩具训练，对于各种基本的礼仪已经有所了解；对于一些基本的指令要求，如起、坐、躺倒、打滚，已经能理解并成功执行。换句话来说，在准备正式融入家庭生活之前，幼犬应该是在屋里与人类朝夕相伴长大的，而不是放在后院的狗屋里放养的。

这是一只来自落基山搜索与营救中心的二月龄幼犬，它是从一窝优秀的小狗崽中精心挑选出来的。

3. 正确的家庭适应性训练和撕咬磨牙玩具训练

从领养狗狗的那一刻开始，你就要一丝不苟地执行家庭适应性训练和撕咬磨牙玩具训练。起初的几周非常关键，狗狗在此期间表现出的或好或坏的性格特征，都要在今后的训练过程中有针对地进行纠正。

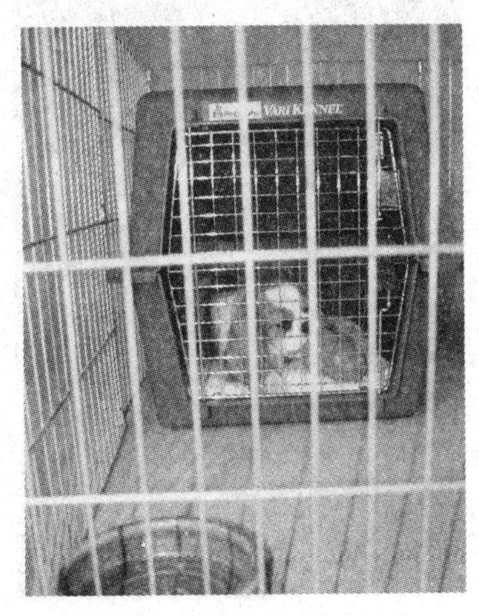

在带狗狗回家之前，你要确保你已经充分了解了如何恰当地对狗狗进行长期和短期的圈禁。有计划地对狗狗进行圈禁可

以让家庭训练和啃咬咀嚼玩具训练变得更加简单、无误、有效率。在一开始，频繁地圈养会教会狗狗自觉地去玩磨牙玩具，学会独自安静地待着，不会随便吠叫。而且，短时间地关起狗狗可以让你学会预测狗狗什么时候需要方便，这时你可以把它带到它被允许方便的地方，并对它的行为作出奖励。

4. 狗狗与人类相处的训练

狗狗三个月大之前的时间段，是狗狗社交训练中最考验人的时候。这是训练中最艰难的一步，因为此时正是狗狗开始学着接受并喜欢上与同类或人类共处的阶段。所以在狗狗三个月大之前，一定要重视它与人类相处的训练。并且，在狗狗的全套免疫育苗注射没有完成前，为了确保安全，最好在家进行训练。根据之前的经验，在前三个月里，狗狗至少要与一百个不同的人打交道才会有效果。这听上去似乎是不可能完成的任务，但实际上并没有那么困难，训练的过程会非常有趣。

在狗狗三个月大之前，它必须学会如何与人类相处，特别是男士和儿童。

5. 控制啃咬行为训练

控制啃咬行为是狗狗最重要的必修课。每只成年犬都拥有锋利的牙齿和强大的咬合力，堪称小小“破坏王”。所有的动物都能抑制自己攻击同类的行为，但是家养动物除此之外还要学会与人类或其他生物和平共处。此项训练最好在狗狗四个半月龄的时候完成，因为此时锋利的犬齿刚刚长成。为了给你的狗狗提供一个最佳的学习控制啃咬行为的环境，最好在它四个半月大之前为它报名参加专门的狗狗培训班。

学会控制啃咬行为是极其重要的。在狗狗尚未学会抑制龇牙咧嘴地啃咬之前，它至少要学会注意控制啃咬的力度，才不至于造成严重的损伤。

6. 适应外界环境训练

为了确保你那多才多艺、受过良好教育的狗狗在成年后也能够一直保持有礼貌、友好的态度，你需要定期地、经常地带它出去，让它与陌生人和陌生的狗狗打交道。你至少每天要带它出去散步一次。在兽医确认狗狗的健康安全之后，你就可以尽情地带它外出了。你可以开车带它去旅行，带它出门去拜见朋友。

我说的那些关于狗狗的种种训练规划是不是已经吓到你了？恐怕你现在肯定认为养狗是一件既枯燥又辛苦的事情。但是，你要知道，辛苦是有，

为了保持训练成果，你需要不间断地带狗狗出门“社交”，从它幼年开始，到青春期，直至成年。通过经常外出、与陌生人或同类打交道、探索陌生的环境等活动，狗狗会变得更加自信。

但乐趣更多。我根据多年的犬类行为研究来设计这些训练规划，而不是凭空捏造，目的是帮助爱狗的人训练出一只快乐、健康的狗狗。当你的狗狗又礼貌、又友好、又超级惹人爱的时候，你会在与它朝夕相伴的时候领会到养狗的真正乐趣。

你的生活将从此改变，你会爱上狗狗带给你的快乐：与精力充沛的它共同漫步、身心放松；开车出去旅行；傍晚在狗狗公园溜达；去海边野餐……这一切都会给安排得紧致有序的训练生活带来无穷的乐趣。牢记书中提及的训练规划、时间安排及训练技巧，你和狗狗的快乐时光就在眼前。

一只顶尖的明星狗狗需要有一个顶尖的主人。

05

第一阶段的训练

养狗学前教育（在寻找中意的狗狗之前）

在你开始寻找中意的狗狗之前，你还有一项紧急任务：学习养狗的基本知识。这就好比在发动汽车之前你得知道如何驾驶汽车一样，在把狗狗带回家前你得学会如何抚养和训练狗狗。

作为狗狗的主人，我们总是有一些不切实际的想法：希望它们能够时时刻刻表现完美，长时间独自在家时还会自娱自乐，最后奇迹般地完美长大，最好这一切得来全不费工夫。

我们总是把自己屋子里的规矩当作秘密，然后在狗狗无意打破它的时候唉声叹气。这对狗狗不公平，因为狗狗甚至都不知道规矩的存在。你得教给狗狗这些规矩，而你就是它最好的老师。

幸运的是，狗狗的精力只在黎明与黄昏时达到顶峰，其余的时候它们通常是趴着，打着小盹度过一天。但是有一些狗狗例外，它们的精力更加旺盛，独自在家时会处于高度紧张的状态，而它们的放松方式就是破坏屋子和庭院。

狗狗初来乍到时，它们的主人都会惊讶地发现自己的新伙伴喜欢到处乱咬乱啃，老是叫个不停，动不动就挖个

洞或者在地板上拉上几坨屎或者撒上几泡尿。你要淡定，淡定，这只是狗狗的天性而已。难道你还指望它能学门外语？像牛一样哞哞地叫，还是像猫一样喵喵地叫？你认为你的狗狗应该如何度过它的一天呢？做家务怎么样？最好它可以清洁一下地板，顺便再给家具除个尘。你甚至还希望狗狗可以读读书、看看电视，或者做做手工活——譬如织个流苏花边——自娱自乐，做一只有文化的狗。

很多宠物犬主人在面对意外事件时总会不知所措。譬如狗狗突然跳到家具上，无缘无故地撕咬、挣脱狗绳——你要明白狗狗漫长的青春期里别的没有，精力可是一大把。所以，如果看到正处于青春期或已经成年的狗狗与同类撕咬、争斗的时候，不要大惊小怪的。要是狗狗被同类排挤，受了欺负、惊吓，或者发生其他不愉快的情况，你希望它怎么做？请一个律师舌战群儒？不，不，当然是让它冲上去了："亮出犬牙吧，狗狗！来决一死战！"撕咬是犬类的基本行为之一，就像摇尾巴或埋骨头一样自然。

在将狗狗正式地纳入你的生活之前，你要用平等的心态理智地思考这

狗狗归根结底还是动物，所以当你的狗狗显现出它的动物本性时不要惊讶。它们喜欢啃咬、挖洞、通过肢体语言来交流，还会花很多时间去嗅同类的屁股来辨识对方。

些事情：你对一只正处在生长发育期的狗狗抱有什么样的期望，它的哪些行为和特质是你无法容忍的。这些都决定了你应该如何去改善狗狗的不当行为和坏脾气。另外需要特别注意的是，主人要知道如何训练幼犬一些基本的行为规矩，譬如，什么地方需要保持安静；什么东西可以咀嚼；什么地方可以方便；在迎接人的时候需要坐下；散步时不要像脱缰的野马；当主人发出命令时需要立即安静下来；学会抑制喜欢咬嚼的天性；学会好好地与同类相处，并对人类保持善意，特别是对陌生人和孩子；等等。

在把狗狗领回家之前，你得明白需要给它什么样的训练以及怎样训练，这是至关重要的。所以除了这本书外，你还要阅读其他相关书籍，观看教学录像，参加给宠物犬主人办的培训班，还有最重要的，尽可能多地去尝试与不同的成年犬相处。在训练中，你还可以与其他的主人交流各自的养狗经历和遇到的问题。新手主人总是会很乐意地与你坦诚交流各自遇到的麻烦。

选择什么品种的狗狗

在选择狗狗的时候，你必须考虑到很多事情，包括选择什么品种以及最佳的领养年龄。你当然希望选一只与你及你的生活方式最搭的狗狗。相比给你提供一些具体的建议做参考，我觉得给出指导方针更重要。

第一，不要抱有幻想。不要以为只要从一个完美的品种中选出一只完美的幼犬，你就万事大吉了，它就能够自己成长为一只完美的成年犬。任何品种的幼犬只要训练得当都可以成为人类

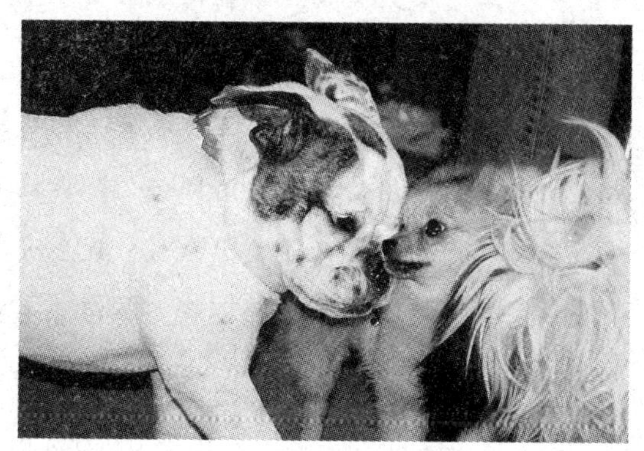

最好的朋友。反之，一只幼犬的品种再好、血统再纯，只要训练不当，它都会变成一只调皮捣蛋的狗狗。所以在选择狗狗的过程中一定要深思熟虑，保持理智。同时谨记于心——正确的训练方式才是使你的狗狗成年后变成你眼中理想形象的唯一办法，没有捷径可走。

第二，向对的人寻求对的建议。你不应该向没有养狗狗的人（包括兽医、饲养员、宠物店工作人员等）询问关于狗狗行为与驯养的问题。你应该向专业的训犬师或宠物行为顾问寻求关于狗狗训练和行为方面的建议；向兽医询问有关狗狗健康方面的事情；向饲养者讨教如何饲养狗狗的经验；向宠物店工作人员咨询有关宠物用品的问题。如果你想进一步了解一些实用的驯养经验，你可以咨询当地的宠物训练班，与其他养狗者交流一下，他们的回答才是最接地气的。

第三，海纳百川，择善而从。多听取建议，但是要有选择地采纳。适合你的才是最好的。别人所给的建议未必是最适合你的。多数意见还算得上靠谱，但其中有一些是假心假意的，多听别人意见没错，但不能全信。没有全知全能的人，别人给的建议是否靠谱，还是看你自已的判断了。以下举几个不靠谱的建议为例：

例一：有一个饲养员告诉一对夫妇，他们需要有一个封闭式的院子和一个全职主妇或主夫才可以养狗。然而那个饲养员自己都没有封闭式的院子，她的二十多只狗狗生活在离她家四十多里远的一个狗场，每天被关在笼子里，完全没有人陪伴！

例二：很多人都听到过这种说法，如果住在公寓楼的话，最好不要养大型犬。事实却恰恰相反，时间一久，你就会发现大型犬才是公寓一族的最佳选择。因为相对于小型犬来说，大型犬更沉稳，很少会乱叫。而小型犬因为活泼乱叫，像小炸弹一样，会很容易惹恼你和你的邻居。当然，小型犬也可以在公寓过得很好，只要它接受过正确的训练，知道如何噤声并保持安静。

例三：很多兽医会说金毛寻回猎犬和拉布拉多寻回猎犬是孩子最好的伙伴。其实，所有品种的狗狗都可以成为孩子的好伙伴，只要教会它如何与儿童相处，同时也要给孩子教授与狗狗相处的知识。否则，不管什么品种的狗狗，哪怕是金毛和拉布拉多，都会被孩子冒冒失失的行为给刺激到。

记住，你是在选择一个要长期相处、共享生活的伙伴，所以这个选择是非常自我的、非常私人的。经过多方面考察，理智思考后作出的选择，会在今后的生活中给你减少很多不必要的麻烦。

事实上，就算得到了不少良好的建议，最后多数人还是会凭感觉随便去选一只狗狗。毕竟大部分人都是“外貌协会”会员，他们只看表面不看本质。所有的选择都是基于狗狗的外表是否光鲜，体型是否健美，长相是否可爱。撇开这些表面的浮云，最关键的还是幼犬的训练程度和行为举止。

选择混血狗狗还是纯种狗狗

首先，我要再次重申，选择什么样的狗狗是十分私人的事情，最终的选择权在你手上。混血狗狗和纯种狗狗最大的差别在于，纯种狗狗长大后的外表和行为举止是可预见的，但是每只混血狗狗都是独一无二的。

撇开你对狗狗外表的偏好，你更需要好好考察的是狗狗的健康水平和平均寿命。从这两个方面来说，混血狗狗的遗传基因更好，寿命会更长，生病的概率会更小，因为混血狗狗避免了近亲繁殖所带来的缺点。但是，从另一方面来说，

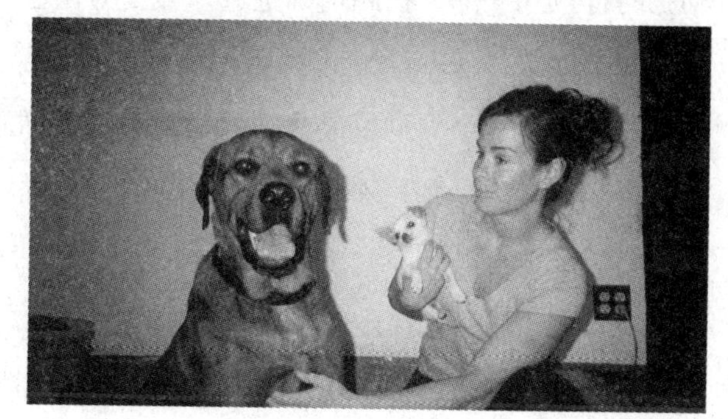

在狗场挑选纯种狗狗，你对狗狗会有一个更加直观的了解，比如狗狗是否友好，是否掌握了基本礼仪，健康水平如何以及从同种犬的情况来预测它的平均寿命。

选择什么品种比较好

我个人十分反对别人选择狗狗的时候有人在一边指手画脚，他以为自己在做好事，但实际上说不定他为别人留下了隐患，这对狗狗和主人一家都没好处。再说，他对任何品种作出的任何评价都会让养狗者误以为只要品种选得好，就没必要训练狗狗了。这种误解将会直接导致很多可怜的狗狗在放养中长大。

通常，在某个品种被强烈推荐后，其他品种会被自动屏蔽掉。所谓的“专家”通常会评价说某个品种体形太大或太小，太活泼好动或者太死气沉沉，动作太猛或动作太慢，太聪明了或太笨了，反正就是不好养。如果没有这些建议，人们通常会根据第一感觉来选择。但是现在，他们即使驯养狗狗也是不情愿的，觉得驯狗既艰难又耗费时间。除此之外，有些主人还会用上述理由来给自己的疏忽大意找借口：不是我不好好训练它，而是这个品种的狗狗驯养起来实在是太难了。

选择什么品种是很主观的。选择你喜欢的，然后调查一下这个品种的狗狗的特点和缺陷，在此基础上选择最佳方法去抚养它、训练它，就可以了。如果你选择了一个别人都认为很好驯养的品种，那么只要多加训练，它就可以成为这个品种里最优秀的狗狗。如果你不凑巧选择了一个别人都认为很难驯养的品种，那么你更要加倍努力，同样也可以让它成为这个品种里的佼佼者。

不管你最终的选择是什么，一旦你作出了决定，成败与否就在于你了。因为狗狗的行为习惯与品性养成完全取决于你的抚养与训练。

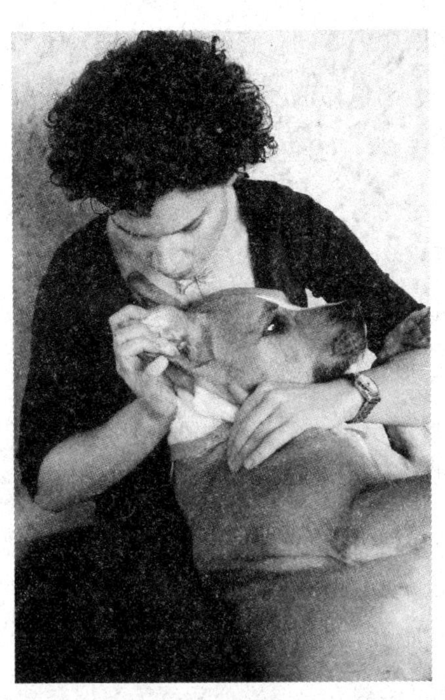
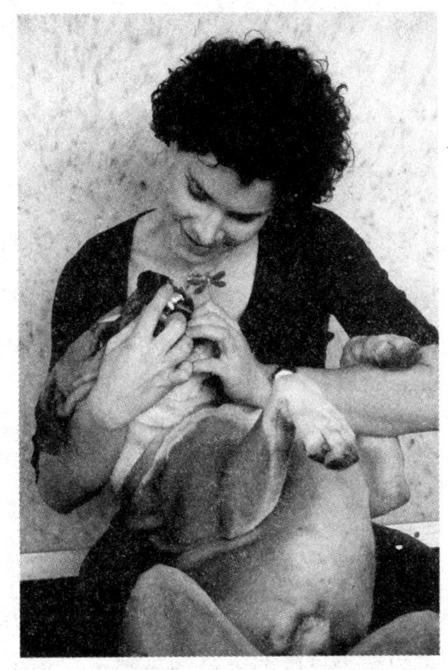

当你评估不同品种狗狗的优缺点时，优点总是显而易见的，而缺点却难以发现。你需要去查找某个品种潜在的问题，这样你才知道如何去解决。如果对于某个品种，你想知道得更多，那么要去找至少六只这个品种的成年犬。你要与它们的主人仔细交谈，更重要的是，与狗狗们进行实地接触。这样你也可以好好地检查它们，与它们玩耍，给它们发出命令。看看它们是否可以与你——一个陌生人，好好相处。与它们相处时你要注意：当你发出命令时它会坐下吗？它们会乖乖地让你牵着散步吗？它们是很吵闹还是很安静？它们是冷静淡定还是容易变得激动，吵吵嚷嚷的？它愿意让你检查它的耳朵、眼睛、爪子和臀部吗？它会让你掰开它的嘴，让你检查它的口腔和牙齿吗？如果你把它翻过来，肚皮朝上，它愿意吗？主人的屋子和庭院是井井有条的吗？还有最重要的一点，它对人类或其他同类友好吗？

你要明白自己想要的是什么样的狗狗，因为狗狗在二月龄的时候来到你家，便会以惊人的速度成长。短短的四个月时间，它就可以从一只幼犬长成为一只六月龄的青年犬，它的个头、力量与速度已经与成年狗狗基本无异，不过在幼犬时期就开始的训练不能停。狗狗在青春期到来之前还有太多需要学习的东西。

还有你要注意，即使品种相同的两只狗狗在品性、行为习惯和脾气方面也会有巨大的差异。如果你有兄弟姐妹或者是有几个孩子的话，相信你能领会到这点：即使是父母相同的孩子，在脾气和性格上也会有天壤之别。这个道理也适用于狗狗。事实上，同一窝狗狗之间的差别与不同品种狗狗之间的差别几乎差不多。外界环境，包括社会化训练，对狗狗行为和脾气的影响比遗传基因大得多。举例来说，一只驯化良好的爱斯基摩犬与一只训练程度不够的爱斯基摩犬之间的差异，或者是两只训练效果不同的金毛寻回猎犬之间的差异，要比两只经历和训练程度相似的爱斯基摩犬和金毛寻回猎犬之间的差异要大得多。狗狗的训练程度才是它今后行为习惯和脾

简单的肢体接触是尝试与不同狗狗相处最重要的一个方面，狗狗们都喜欢温柔的怀抱，特别是当你检查它的耳朵、口腔和爪子时。

本书作者与明星狗狗——穆斯以及它的驯养师玛蒂尔德·德卡尼在圣地亚哥举行的宠物狗训练师协会大会上的合影。

气品性的决定性因素。

你应该懂得我的意思了吧，我不是说狗狗的训练程度比遗传基因对它的行为举止影响更大。相反，我可以坦诚地说，如果你想把狗狗变成你理想中的样子，那你没别的方法可选，只有训练，训练，再训练。比如，狗狗之所以吠叫、啃咬、用尿液做记号还有摇尾巴，在很大程度上都是遗传基因的缘故，因为它是一只狗。但是它吠叫的频率、啃咬的力度、做记号的地方、它摇尾巴时的兴奋程度很大程度是经由社会化训练后天培养出来的。所以狗狗的家庭教育的成功与否全在于你。

关于明星狗狗，多的是你不知道的事

当你面临选择左右为难时，可不要被明星狗狗在电视电影里的表现所迷惑。这些狗狗是经过专业训练的演员。事实上《灵犬莱西》中的莱西是由八只不同的狗狗共同扮演的。这些狗狗只不过是在演戏，

只是它们所属的犬种以及它们的特征恰好符合角色的要求。这就好比，安东尼·霍普金斯在《沉默的羔羊》中扮演的食人魔汉尼拔·莱克特与他在《影子大地》中扮演的英国著名文学家克莱夫·斯特普尔斯·刘易斯（又称为C.S.路易斯）就是两个完全不同的角色，并且这两个角色都与安东尼·霍普金斯本人的真实性格相去甚远。这只是演戏而已，但是在某种意义上，你需要教会你的狗狗如何“演戏”，譬如在某个特定环境中（起居室或公园）表现得很得体。

这只叫埃迪的狗狗（由穆斯扮演）在美剧《欢乐一家亲》中表演得很乖，那是由于穆斯，这个原本活泼的小家伙为了埃迪这个角色特地被训练成这样的。此外，埃迪在电视上讨人喜爱的样子，后天训练出的社交礼仪，迷人的一举一动和高超的表演技巧早已成功地掩盖掉它的扮演者原本的个性。

以下是从“狗言狗语”栏目中摘录的一段我对狗狗穆斯以及它的驯养师玛蒂尔德·德卡尼的访谈：

伊恩·邓巴（以下简称伊）：穆斯的真实面目是什么样的？

玛蒂尔德·德卡尼（以下简称玛）：穆斯的性格非常独特。当我刚刚领养它时，它已经差不多有两岁了，那时的它简直就是一个“小暴君”，脾气很差，很自私，非常淘气，缺点多得数也数不过来。它总是尝试“越狱”，以追逐松鼠为乐，或者一头埋进垃圾堆里，再就是加入“群架”。召唤对它来说一点用也没有。我一次也没有成功过，在我之前也有不少失败的人。另外它还会到处随地便溺，它真的就是……难以用言语来形容。

伊：它就像电影明星一样，银幕上的光鲜与私底下样子完全不一样。

玛：说得太对了！但是它现在已经好多了。它和之前不一样了。它很享受训练，也喜欢忙碌的感觉。但是它依旧很没有耐心，不管什么时候。这也许和它总是在被催促有关。但是经过多年的训练，它已经变得更加有耐心，对我也友好一点了。穆斯原本是一只十分独立的狗狗，压根儿不在乎别人的宠爱。因为这样它之前的主人总是没有办法和它亲近。但是，现在，你看它与我多么亲热。

（经《树皮》杂志授权摘录）

什么时候是领养狗狗的最佳时机

什么时候最适合领养狗狗呢？还是那句老话——当你准备好了的时候。那什么样才叫准备好了呢？就是当你已经对如何养狗、训狗有了大致的了解，并且你的狗狗也准备好接受训练的时候。

什么时候狗狗才准备好接受训练了呢？

首先需要考虑的是狗狗本身的年龄。大多数狗狗都不会一辈子只住在一个家庭里，通常会从它出生的家庭搬到它的新主人家。狗狗更换主人的最佳时机取决于许多因素，包括狗狗的情感需求，社交训练的时间安排以及它对现有的家庭生活的适应程度。

我们一定要考虑到幼犬离开原来的家庭时会产成的情绪创伤。如果狗狗离家过早，它就不能够与母亲和其他幼犬进行充分地交流。在来到新家的最初几周，它几乎是处于社交真空的状态，这样狗狗长大后很容易被同类排挤。但是如果它待在原来家庭的时间越长，就会与原来的家人越亲密，这样就增加了过渡到新家庭的难度。而过渡的延后又会使狗狗与新家庭的亲密接触延后。

一般来说，狗狗八周龄的时候是最佳的领养时机。因为在那个时候，幼犬已经与自己的妈妈和兄弟姐妹们充分地交流过了，此时它已经足够大，可以与其他狗狗一起参加培训班或者去公园玩耍，此时的狗狗刚好可以开始与新的家庭建立紧密的联系。

家庭对养狗相关专业的知识水平是决定狗狗是在原来的家庭多待一段时间还是提早去与新主人一起生活的关键因素。如果狗狗最初的饲养者是养狗方面的专家，而新主人是新手级别的，那么让幼犬尽可能长时间地寄养在原主人家比较好。因为认真负责的饲养者更有资格对狗狗进行社交训练、家庭教育、啃咬玩具训练。这样在狗狗稍微大一点后再把它接到新家会更好。我也会经常询问养狗新手是否愿意去领养一只社会化良好、训练得当的成年狗狗来代替领养白纸一般的幼犬。

不幸的是，这世上总是好坏参半，有水平一般、不负责任的养狗新手，也有同样糟糕的饲养者。如果新主人养狗专业水平较高，而原饲养者水平低于平均水平的话，幼犬还是最好尽快搬去新家，越快越好，当然，至少要等到狗狗长到六至八周大的时候。如果你觉得你是一个称职的抚养者，但是原主人不愿让你在狗狗八周大前把它带回家，那很简单，换一家，去其他地方找找看，说不定有更合适的。毕竟将要和你共同生活的是狗狗，而不是它原来的主人。没什么想不开的，毕竟低于平均水平的饲养者养出的狗狗通常也好不到哪儿去。

其实你可以从动物收养所或者动物救助机构领养成年狗狗去代替幼犬。有些收养所和救助机构的流浪狗也是受过良好训练的，它们想要的只不过是一个温暖的家。还有一些狗狗在行为举止上有一些问题，但是只需稍微纠正就可以回归正轨。流浪狗中有一些是纯种狗狗，不过还是混血狗狗占多数。找到一只好的流浪狗狗的关键就是，筛选，筛选，再筛选。花时间与每一只候选的狗狗好好地实地接触一下，要记住，每一只狗狗都是独一无二的。

选择在什么地方领养狗狗

无论你是从专业的饲养者手中还是普通家庭繁育的一窝小狗崽中选择你所想要的狗狗，选择标准都是一样的：第一，选择在家圈养、从小与人相伴、受人影响的幼犬，而不是那些在外散养或在狗场放养长大的。记住，你想要的是一只与你共同分享家庭生活的狗狗，所以你要选择一只从小在这种氛围中长大的狗狗。第二，评估你所想领养的狗狗现有的社会化训练及教育水平。撇开狗狗的品种和血统不谈，如果你的狗狗在八周大的时候，它的社会化训练程度还不是那么让人满意的话，那么它的发育就有些迟缓了。

如何选择一个好的繁育者

一个好的繁育者在接待幼犬购买者时候会非常挑剔。一个未来的狗主人选择一个繁育者的时候也应该同样挑剔。作为狗狗未来的主人，一开始你可以从观察繁育者是否最为重视幼犬的心理和生理健康，而不是只对狗狗的外表下工夫，以此来评估他的专业性。其余的评估因素有：繁育者的成年犬是否都是友好且训练有素的；幼犬的父母、祖父母、曾祖父母和其他狗狗亲戚是否长寿；幼犬是否是社会化良好和训练有素的。

一只狗狗是否友好是显而易见的，在你第一次看见它时就可以察觉出来，所以你要尽可能多地观察幼犬的亲犬。狗狗表现出的友善是优秀的繁育者进行过社交训练的铁证。

对于只给你展示幼崽的繁育者，你就要多一个心眼了。首先，一个好的繁育者是会花时间看你如何与成年犬相处后，才让你靠近幼崽的，以防你驯养狗狗短短的几个月后就因为养不好狗狗而把它送回来。其次，在被一窝超级可爱的小狗崽偷走你的心之前，你应该多见见狗狗家族的其他成年犬，如果那些成年犬都是友好且表现良好的，那么你可以赌一把，说不定你已经找到了一个非常优秀的狗狗饲养者。

你可以通过狗狗的健康状况、行为和性格等指标来预测其寿命。你可以检查你中意的幼犬的亲犬以及其他家属犬是否健在，如果已经死亡，那么它们是否活到了高龄。负责的繁育者会留电话号码给之前的幼犬买家，并且跟其他与幼犬有血缘关系的狗狗繁育者保持联系。如果狗狗的繁育者不想与你分享有关狗狗寿命、繁殖情况和病历，那就去看看别家吧。你最终会找到一个好的繁育者，他会热心地帮你解答你所关心的问题。你当然想要一只健康的狗狗，它能够多陪你几年。此外长寿的狗狗都有一个突出的特点，就是气质良好、有教养，与之相反的是，行为不当和脾气坏的狗狗通常平均寿命都较短。

对繁育者的最终评价关键在于他所饲养的狗狗平均寿命的长短，是否行为良好、品性优良（具体请参照第四章）。同样，一只优秀的幼犬背后必然有一名优秀的繁育者。幼犬体质、行为和性格都反映了繁育者的专业程度。所以，你必须仔细地、耐心地去寻找一个优秀的繁育者和一只品质良好的狗狗。

选择幼犬还是成年犬

在匆匆选择一只幼犬带回家之前不妨考虑一下领养成年犬有哪些优点和缺点。当然，选择领养幼犬是有很多优点的，比如说，你可以把狗狗的脾气和行为塑造成与你独特的生活方式相适宜的样子。但前提是你必须知道要怎么做、并且有时间去训练狗狗。所以，在很多情况下，一只通过美国育犬协会认证和狗狗公民测试的青年犬或成年犬会是更合适的伙伴，特

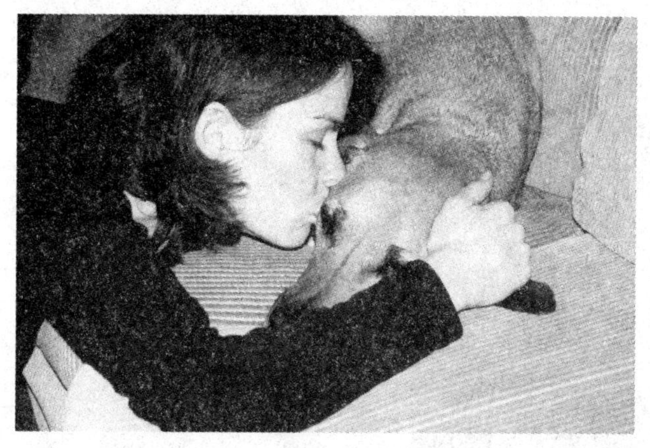

小黄狗奥利弗九个月大时在芝加哥高地的人道主义协会被领养，现在已经达到了完美狗狗的级别。

别是对双职工家庭来说，因为他们的闲暇时间并不充裕。

另外要注意的一点就是，狗狗在长到两岁之后，它的行为习惯和脾气就基本成形了。虽然狗狗的特性和习惯会随着时间有所改变，但是它们不再像幼犬那样有着较好的行为弹性度，成年犬的习惯往往是根深蒂固的。

所以在选择领养成年犬的时候，你一定要尽可能多地去接触它们，挑一只几乎没有毛病、很合你脾气的狗狗。考虑考虑吧！去领养成年犬而不是养一只幼犬。

如果你还是要选择抚养和训练一只幼犬，那么一定要确保在此之前你已经对养狗有了足够的了解。记住，毁掉一只原本听话的狗狗只需要几天的时间。

不管选择领养幼犬还是成年犬，都要预约一下你的兽医，为你的狗狗做节育手术。现在已经有太多意外出生的狗狗了，每年都有数百万只被执行安乐死。请不要再让这个数字增加了。

罗特维尔犬塔特托特在两岁时被领养，它在笨狗狗把戏竞赛中拔得头筹，并在狗狗华尔兹比赛中夺得第二名的好成绩。

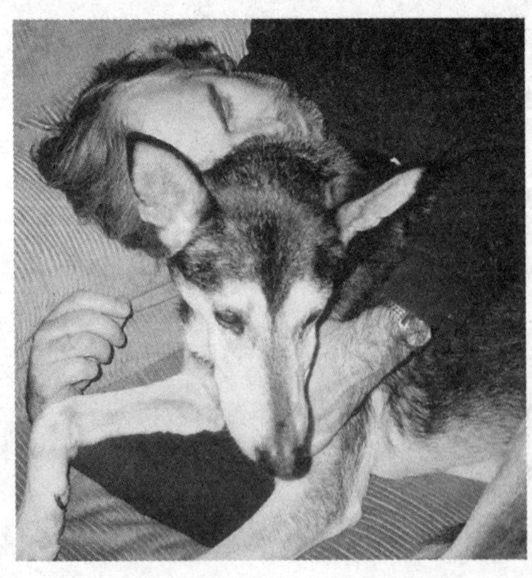

老灰狗阿什比是在它十岁高龄的时候从安乐死注射的针头下被救回来的，现在在亚利桑那州的凤凰城安享晚年。

一岁的克劳德是刚刚从旧金山的动物保护者协会领养回来的，虽然还有一些小问题，但是，你看它，坐得多好！

购物清单

一旦你对如何饲养狗狗有了大致的了解后，就该为迎接狗狗的到来去“血拼”啦！训练狗狗的书籍、宠物商店和宠物产品目录都向你展示了一系列让人眼花缭乱的宠物用品和训练装备。有一些是完全没有用的，还有一些则是养狗必备的。下面，我将列出那些必备的物品，并在括号内标出我的个人意见：

1. 狗笼，或者是室内活动屋
2. 准备至少 6 个磨牙玩具，里面装满狗粮或小零食（Kong 牌的磨牙玩具和狗骨头很好用）
3. 狗狗厕所（详情请见 65 页）
4. 饮水盆
5. 狗粮（干的）：在你的狗狗刚到家的那几周，把干的狗粮装进咀嚼玩具

里或者亲手喂给它，作为它良好表现的奖励。在狗狗完成各项训练后，给它买一个狗食盆，把狗粮放进去就可以了

6. 冷冻的动物内脏：拿来让陌生人或家中的男士和小孩去喂狗狗以赢得狗狗的信任，也可以作为对它们训练成果的奖励
7. 犬用鞍领、狗绳或者是犬用牵引带（由先锋宠物用品制造），它独特的头颈部牵引设计可以通过牵引狗狗的头鼻而不是脖子来防止狗狗向前扑

上述商品及相关书籍和录像都可以在当地宠物商店买到，或者你也可以通过上网在狗狗十佳商店购入。

04

第二阶段的训练

评估狗狗现有的训练程度（在挑选满意的狗狗之前）

当你把狗狗带回家的时候，狗狗大约八周大，它应该对嘈杂的家庭环境很适应了，也可以与人好好相处了。它的家庭训练，咀嚼玩具训练以及辅导训练这些基本的内容应该都在有条不紊地进行当中。如果不是，那么你的狗狗的社交能力和心智的发展都远远落后于训练进度表了，你需要立刻加强重视。否则，在今后与狗狗相处的日子里，你就要为当初的失误而付出代价了。当然了，给一只八周龄的狗狗“补课”是可以做到的，关键在于你，你要刻不容缓地加强训练狗狗。另外，时间拖得越久，补课的效果就越差，所以，一定要抓紧时间！

狗狗只有在人类家庭的环境中长大，才可以在长大之后能够与人在家朝夕相处。你的狗狗需要在到你家前做好一些心理准备，譬如，每天家庭生活的吵闹声，真空吸尘器的噪音，关门的声音，响声震天的音乐以及孩子打闹和玩耍的叫声。让狗狗尚在发育中的听觉和视觉暴露在这些嘈杂的环境中，它就会渐渐习惯，这样在它长大后，才不会被这些声音吓到。

不要选择一只从小在后院、地下室、仓库、车库或者狗场里孤孤单单长大的狗狗，在那种生活环境中，它几乎没有什么机会和人类接触，也习惯了把自己周围的环境弄得很脏，并且乱吵乱叫。在“与世隔绝”的环境中长大的狗狗会很难融入家庭生活，也很难与家中的男士和儿童好好相处。所以说，在后院和狗场长大的狗狗不适合做宠物犬，它们的习性更像猪、牛、马、羊等这些牲畜。去其他地方找找看吧，去找那些在厨房或起居室出生长大的狗狗。

如何选择一只让人满意的狗狗

合格的狗狗应该是这样的：在与你和家人相处时十分自在；在不到四周龄的时候对家庭的嘈杂已经没有那么敏感；家庭训练项目正常进行；最喜欢的玩具是装满食物的磨牙玩具；当你命令它来、去、坐、躺倒和打滚时，它会很开心地立刻执行。如果你的狗狗没有达到上述要求，要么是它的问题，要么是它原来主人的问题，无论是哪种情况都建议你换一家，去其他地方再找找。

狗狗养育中必不可少的就是人犬之间的亲密接触：多让狗狗见见人，特别是陌生人、家里的孩子和男士，多让他们爱抚狗狗。这种训练在狗狗幼年期里十分重要，特别是对那些调皮、难以被人驾驭的狗种，譬如亚洲狗种，畜牧狗种，工作犬以及梗类犬，说白了，就是大部分的狗种。

狗狗身上第二个重要的品质就是喜欢和人类接触，特别是陌生人和家里的男士及儿童。早期的社交训练会帮助它做到这点，并防止狗狗长大后问题的加剧（小贴士：在狗狗幼年期最重要的品质就是它的啃咬控制力）。

如果你想要一只惹人喜爱的狗狗，就得在它小的时候多抱抱它。当然，每只初生的狗狗都是十分脆弱和无助的，它几乎不能行走，各种感官也没有发育完全。但是此时它仍需要一定的社交训练。因为此时，狗狗会十分敏感，记忆力也十分出色，所以这个时候是使它们习惯人类抚摸的最佳时机。刚出生不久的狗狗的视力和听力虽然不是特别好，但是它的嗅觉和感觉是十分灵敏的。当然了，在训练的过程中，你的动作一定要轻柔、小心。

- 询问狗狗之前的繁育者，每天大概有多少人与狗狗亲密接触，特别是小孩，男士和陌生人。

- 挨个儿抱一抱小狗崽，看它是否喜欢这个动作（注意动作一定要温柔）；特别要注意当你抚摸、按摩它的脖子、口鼻、耳朵、爪子和臀部的时候，它是否会觉得很享受。

阿尔法翻滚

强势专制的训犬师会建议饲养者尝试一种被称之为阿尔法翻滚的训练方法，具体训练过程是抓住狗狗的脖子，把它撇倒在地，最后用力按住它看它是否挣扎。这种办法是残酷愚蠢的。如果一只庞然大狗来势汹汹地捏住你的脖子，恶狠狠地盯着你，你感觉怎样？我猜你会尿裤子。同样的，当你吓唬狗狗的时候，它们害怕得要么奋力挣扎要么四肢无力，最后还是屈服于你。

确认你想选择的狗狗有多乐意接受你的抚摸与怀抱是有必要的，但也用不着去吓唬它。你只需把狗狗抱起来，然后温柔地环抱住它，不一会儿你就能观察到它是乖巧得像洋娃娃一样，还是在你怀里又踢又闹了。如果它踢闹，你可以用手指轻轻地挠它双眼间的部位或者轻揉它的耳朵和肚子，看看需要花多长时间才能让它安静下来。

狗狗对声音的敏感度

在狗狗的视觉与听觉发育完全之前，就应该开始着手让狗狗接触并适应各种各样的声音，特别是对声音敏感的狗，如牧羊犬和训练犬。

狗狗对声响有所反应是很正常的事情，你需要评估的是它们对声音的反应程度和产生条件反射的时长。例如，我们都希望狗狗对突发的声响有所反应，但又不要反应过度。所以我们要观察狗狗对声音的反应是在正常范围内还是反应过度。斗牛犬的反射时间短到难以想象的程度，工作犬和梗类犬的反射时间也很短，玩具犬和牧羊犬反射时间却很长。撇开狗狗的品种差异，反应过度、恐慌、或反应过慢都证明了它缺乏足够的社会化训练。除非后来的训练补救成功，否则狗狗在成年之后容易变得一惊一乍，难以相处。

- 询问繁育者的幼犬经历噪声的承受程度。
- 具体地询问繁育者，幼犬是否在大的噪声和突然的噪音中长大，如大人的喊叫、孩子的哭声、电视（娱乐体育节目中充满雄性荷尔蒙的大呼小叫声）、广播、音乐（民歌、摇滚、古典，也可以是柴可夫斯基的“1812序曲”）。
- 观察狗狗对各种噪音的反应：人们的交谈声，笑声，哭声，尖叫声，吹口哨的声音，嘘声以及七零八落的鼓掌声。

家庭礼仪

向狗狗当前的主人询问关于狗狗正在进行的家庭训练以及咀嚼训练的情况，并且花上至少两个小时去观察每只狗狗的一举一动，你还要特别注意它们喜欢啃咬什么以及喜欢在什么地方方便。

如果狗狗原先的家并没有给狗狗提供专门的厕所，而是在它的活动区域内铺满报纸，那么狗狗会习惯在报纸上大小便。将来它来到新家后，就需要重新接受这方面的训练。除此之外，这样还会让狗狗养成随地便溺的坏习惯，到了新家后依然如此。狗狗在这样的环境中待得越久，重新再教育的困难就越大。

- 检查狗狗的咀嚼玩具（譬如饼干球以及无菌骨头）是不是填满了狗粮并检查玩具的使用情况。
- 检查狗狗活动区域中厕所的使用情况。对比一下狗狗厕所中和地板上排泄物的多少，就能看出来狗狗更喜欢在哪里方便。

个人喜好

选择中意的狗狗时，全家人一定要保证意见一致。“人人爱狗，狗爱人人”，可以说是最理想的情况。所以在挑选的时候，你只需像它的家人一样静静地坐在那里，观察哪只狗狗最先走过来亲近你就可以了。

多年来，总是有人武断地认定那些最快跑过来的，在你面前跳跃着想够着你的，咬你手玩的狗狗是天生具有攻击性的凶狗，很难驯养，不适合做宠物犬。而事实却恰恰相反，那些行为说明了这是一只发育正常、受过良好社交训练的八周龄狗狗。它只是用自己特有的方式，不带任何功利性地欢迎你而已。只需稍加训练，你的狗狗就会成为幼犬训练班中对命令反应最快和学得最快的好学生。而且幼犬本就喜欢啃咬东西。事实上，狗狗在幼犬阶段啃咬得越频繁，它成年后对咬合力的控制就会越好（详情请见第七章）。

你要至少花上两个小时选择一只狗狗。八周龄狗狗的兴奋周期大约是一小时。确保你对狗狗有个比较全面的印象。

相比之下，我更担心那些面对人类时怯生生的、躲躲闪闪的幼犬。一只受过良好的社交教育的六至八周龄的幼犬在靠近人类时会变得害羞和迟疑是很不正常的，它的社交教育肯定不完善，还是再去别处找找吧。但是如果你一心要选一只害羞的狗狗，那就一定要看看是不是家中每一位成员用吃的哄它时，它都会靠近并吃掉给它的小奖品。选择一只害羞的狗狗意味着你要做好心理准备，你将会为它付出大量的时间，对它进行各种社会化训练。为此，你甚至还要在接下来的四周时间里暂停工作专门来训练它。

要注意不要让狗狗先前的饲养者来干预你的决定，狗狗美不美容，节不节育，都不关他的事。记住，狗狗今后是与你共同生活的，是你的责任，所以关于它的一切决定都应该由你来做。

但是，节育过的狗狗的确可以与你共享更多精彩纷呈的活动，其中包括竞技性比赛，团体活动以及自由的命令服从训练。其他的活动还包括穿越障碍物，拉拖车，接飞球、飞盘，搜救工作，拉雪橇，追踪游戏，还有一起散步，一起去狗狗公园玩耍。

是否给狗狗做节育完全由你决定，但是作出决定前请三思。每年，都有成千上万的幼犬和刚成年的狗狗在动物收养所被执行安乐死。这对狗狗和动物保护者来说都是不公平的。为了不再增加无辜死亡狗狗的数量，请给你的狗狗做节育。

独生的狗狗

大多数的狗狗在它们未满八周时有充分的机会与其他狗狗一起玩耍。但是独生的狗狗就没有足够的机会去打闹，玩耍、啃咬。因此教它们如何抑制啃咬是当务之急。当你的狗狗长到三个月的时候，就需要报名参加一个幼犬训练班，与其他狗狗一起玩耍和社交，这有助于帮助狗狗训练如何控制啃咬时的咬合力。

常见的陷阱

“我们的狗狗是完全值得信赖的。”

也许你运气好，刚好挑到一只遗传优良的狗狗，但是你还记得在那之后你做了什么，你还有时间继续训练狗狗吗？

“我们的狗狗喜欢孩子！”

他们整个家庭都去参加了训练狗狗的课程，他们还会在家为孩子的朋友们举行狗狗派对。孩子花了那么多时间和它玩游戏，训练它、奖励它，它当然会喜欢孩子了。狗狗最自豪的事情也许就是在有生之年能亲眼看着孩子们从学校毕业，长大成人了。

然后父母会开始抚养他们的第二只狗狗，此时孩子们已经离巢，这只狗狗将在一个没有孩子的环境中长大，直到家中有新一代宝宝。

如果你真的想要一个家庭驯养挑战

如果你真的想给自己设定一个家庭驯养挑战，你可以考虑去宠物店挑选狗狗。在展示橱窗里出售的三月龄狗狗，由于它一直以来都在铺满报纸和稻草的环境下生活，它已经养成随地大小便的习惯。那时你再把它买回家，那么在很长一段时间内，清理粪便和尿液将成为你的日常生活的一部分。

切记

记住你是在挑选一只与你朝夕相伴，并与你的生活方式相适宜的狗狗，所以请确保你的狗狗已经做好了这些准备。要警惕以下说辞：

“我们还没有对狗狗进行坐起训练，因为它是一只赛犬。”

也许这个繁育者认为狗太笨了，甚至连最简单的命令“坐”和“起”

都分不清。放弃吧，去别的地方再看看。他也许是因为以后不用和这只狗狗住在一起才放弃了对狗狗的坐起训练，但这并不意味着你就要代劳。而且，如果狗狗连这些基本的礼仪动作都没有学会，那么其他的各项训练也好不到哪里去。

“它是那一窝中的胆小鬼。”

同一窝的小狗崽在与陌生人接触时会有不同的表现是很正常的事，但是一只八周龄的狗狗就不应该害怕与人类接触了。因为在狗狗四周大时，它的任何害羞、恐惧人类的行为都应该已经得到重视并及时纠正了，特别害羞的狗狗更是要加强社交训练。一窝中只要有一只胆小的狗狗，就预示着它们之前的繁育者并没有做好对它们的日常社交训练。即使这一窝里可能有其他较好的狗狗，但你还是保持警惕为好。

05

第三阶段的训练

正确的家庭适应性训练以及撕咬磨牙玩具训练（狗狗到家的第一周）

狗狗来到你家的第一周应该学会什么

你的新狗狗迫不及待地希望可以学习新家的规矩。它想讨好你，但这只有在它学习过如何讨好你的前提下才可以做到。你必须教会它在家的规矩，之后才能放心地让它在家里四处转转。否则，在你教会它应该如何乖乖地表现之前，它在家可是会搞破坏的。如果你的狗狗没有很好地掌握犬类在家应该遵守的规矩，那么你的狗狗会不由自主地随意四处玩闹和便溺。小家伙很有可能会弄脏壁橱或者地毯，而你的沙发和地毯则会被当作用来破坏的玩具。如果你放纵狗狗去犯错的话，那么它很快就会染上这些坏习惯。如果真是这样，那么在教它们好习惯之前要先帮助它们改正坏习惯。

正确的家庭适应性训练以及撕咬磨牙玩具训练

你需要在家里规划出狗狗的活动区域，这样才能让家庭适应性训练和撕咬磨牙玩具的训练很好地进行，每一个小错误都值得我们的注意，因为它代表着狗狗会犯更多的错误。

成功的狗狗家庭教育包括要教会你的狗狗通过关禁闭来反省自己，这可以从源头上预防新的错误并培养好的习惯。当你没有空或者没有心思训练它的时候，你可以把它关起来，这既可以防止它犯错，也可以教会它反省自己。

在你的狗狗刚到你家的头几个星期里，你把它关在狗屋或者狗狗游乐区的时间越长，它长大以后享受到的自由就越多。如果你能严格执行下文所说的限制狗狗行动的项目，那么狗狗就能很快完成家庭训练和撕咬磨牙玩具训练。你执行得越严格，它就学得越快。除此之外，你还能得到一个额外的福利，那就是你的狗狗同时学会了怎样快速安静下来。

当你不在家的时候

当你不在家的时候，把你的狗狗关到一个相对小一点的空间里去，比如厨房、卫生间或者杂物间。你可以用小围栏在房间里圈出一块地方，这将会是它长期待着的地方。这里需要有如下物品：

1. 一张舒适的床
2. 一碗干净的饮用水
3. 有很多洞的磨牙玩具（需填满狗粮）
4. 狗狗厕所，请放置在离它床最远的地方

显然，在一天的时间里，狗狗会吠叫、进食和便溺，它需要有一个自己的空间，在那儿它可以满足自己的需要，又不会造成任何破坏或打扰到任何人。你的狗狗会在远离床的厕所里便溺。在它的空间里，除了装满狗粮的磨牙玩具，没有任何可以咬的东西。通过这种方式，狗狗就会养成一个好习惯——只撕咬磨牙玩具，不啃咬不该啃的东西。通过把狗狗关起来较长时间可以让它学会使用狗狗厕所、只咬磨牙玩具和快速安定下来。

当你不在家的时候，把你的狗狗关在一个有舒适的床、饮用水、塞满食物的磨牙玩具和一个狗狗厕所的地方。

较长时间关住狗狗的目的

1. 把狗狗关在一个它可以在那撕咬东西和便溺的地方，这可以防止它在家里不应该的地方便溺或咬不应该的东西。

2. 尽最大可能教狗狗使用指定的便溺区域，让它学会只咬磨牙玩具（磨牙玩具是狗窝里唯一可以咬的物品），指导它不要乱叫。

当你在家的时候

请尽情享受跟狗狗相处的时间，不管是玩耍还是训练，你们都只有短短的一个小时。如果你不能把注意力时时刻刻地放在狗狗身上，那么还是进到它的游戏护栏里和它玩耍吧。那里既有它的厕所也有它的玩具。或者如果时间不超过一个小时的话，你可以把它关在狗屋里或者是别的适合短时间关狗狗的地方，比如便携式宠物笼。每个小时都把你的狗狗放出来一次，并把它迅速带往狗厕所。短时间关狗狗的地方也应该有舒适的床和塞满狗粮的磨牙玩具。

如果你的狗狗不到处乱跑，那么照看它就轻松多了。

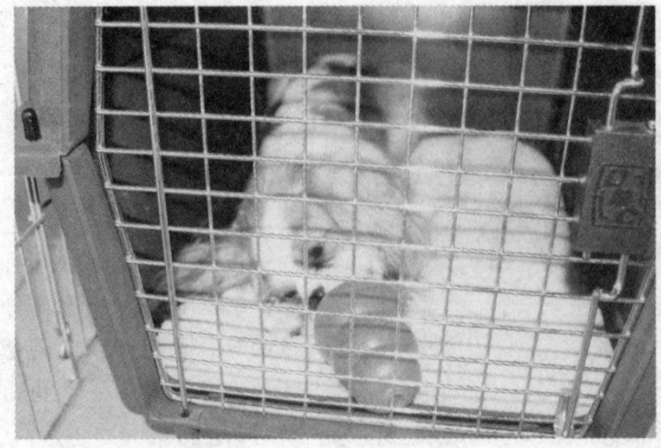

当你在家时，你可以把你的狗狗关在一个有塞满狗粮的磨牙食物的笼子里。每隔一个小时把你的狗狗带到它上厕所的位置，不出几秒，最多不超过两分钟，它就会大便或小便的。

如果你在家，你可以把狗狗关到一个放了塞有狗粮的磨牙玩具的宠物笼里。你既可以把狗狗放在你待的那个房间里，也可以把狗狗放到别的房间去，这样它可以学习独自在家的时候应该做些什么。如果你不愿意把狗狗关在笼子里，你也可以把狗狗的牵引绳拴在你的腰带上，让狗狗在你的脚边坐下。或者把牵引绳拴在离你的狗狗的床、篮子或者垫子很近的墙上的挂钩上也可以。为了防止磨牙玩具滚到狗狗够不到的地方，就把它们也一起栓到挂钩上。

短时间关狗狗的目的

1. 防止狗狗在家里乱咬、乱便溺。

2. 让狗狗成为磨牙玩具控（因为磨牙玩具是唯一可以咬的东西，而且它们还装满了食物），并教会它们在较短的时间内平静下来。

3. 预测什么时候狗狗需要便溺。狗狗会本能地不在自己的窝里便溺，所以把狗狗关在离它的床很近的地方可以在短时间内防止它大小便。这就意味着每隔一个小时狗狗被放出来的时候，它需要去大小便。这时你可以引导狗狗去它该去的地方上厕所，并奖励它。接下来你就可以尽情享受和狗狗在一起的快乐时光了，而不必时刻担心着它要不要上厕所。

教你的狗狗学会自律

如果你遵照上述指示来做的话，那么家庭训练和撕咬磨牙玩具的训练将会即高效又简单。这些训练不仅可以防止狗狗再犯错误，而且可以促使狗狗自学家庭行为规范。如果你不按照上述程序执行的话，你有可能会遇到麻烦。除非你喜欢麻烦，否则你决不能纵容狗狗犯错，一旦它犯错，你就要好好反省自己。

大多数狗笼都是便携的，所以当你在家的时候可以很方便地把狗笼从一个房间拎到另一个房间，狗狗也将试着学会如何快速安定下来，如何自己找乐子。你也有空静下来干点儿自己的事，比如你可以在起居室里看看书。

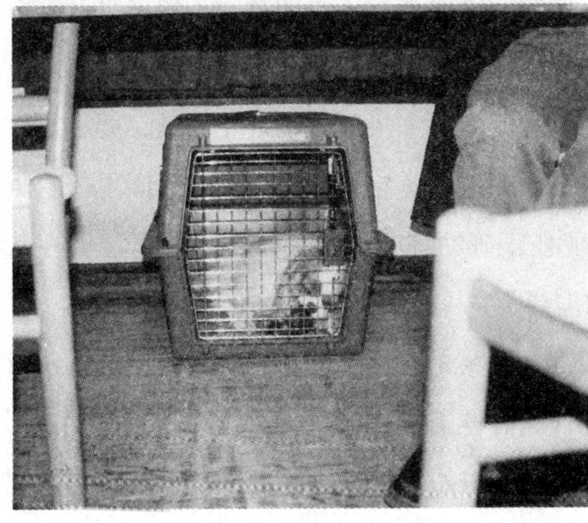

你可以在餐厅吃饭。

你也可以在电脑上工作。

正确无误的家庭训练

随地大小便其实是一个和空间有关的问题，它是指犬类在不应该的地方大小便，但这种行为对于狗狗来说却是非常正常、非干不可的事情。

关于这方面的家庭训练其实可以既简单又快捷，只要当你的狗狗在正确的地方便溺了以后，你表扬它并给予食物奖励就可以了。一旦你的狗狗意识到它的排泄物就相当于用来买东西的自动食品贩卖机的硬币，你的狗狗会努力地到正确的位置大小便的，因为在屋子里随意大小便可没有这么好的福利。

随地大小便只是一个短期性的问题，如果问题出现了的话，要么是你的狗狗在正确的时间出现在了错误的地方（它在一个封闭的房间里想上厕所）；要么是在错误的时间出现在正确的地方（在户外的院子里或者在散步，但是它一点也没有便溺的需要）。

时机其实是家庭训练的关键。确实是这样，高速且高效的家庭训练取决于主人是否能够预测出狗狗什么时候需要便溺，如果主人预测正确，那么狗狗就会被引导到正确的便溺区域；如果主人不能准确地预测狗狗便溺的时机的话，狗狗就没法在指定的地方便溺，也就不能得到奖励。

一般来说，狗狗通常会在小睡醒来后的半分钟内小便，在醒来的几分钟后大便。但是谁又会有时间在附近不停地转悠来看狗狗醒没醒、要不要大小便呢？所以最好还是当你有空并且时机也对的时候把你的狗狗叫醒。

短时间关住狗狗为你能够准确预测狗狗什么时候需要便溺提供了很大的便利。把狗狗关在一个较小的空间能够非常有效地阻止它在那儿便溺，因为它不想弄脏它睡觉的地方。所以，狗狗极有可能一被放出笼子就直奔厕所而去。

家庭训练就像 1、2、3 一样简单

当你不在家或者你太忙而不能专注于如下安排的时候，请把你的狗狗关在有狗狗厕所的游乐区里。如果你在家的话，则需要：

1. 把狗狗关在它的狗屋里（或狗笼里）或者给它戴上项圈。

2. 每隔一个小时就把狗狗放出来并快速带着它（如果有需要的话可以使用项圈拴着它）到上厕所的区域并指导它在那儿大小便，请给它三分钟左右的时间。

3. 当你的狗狗大小便完以后大大地赞扬它一番，并且给它三块冷冻的肉干作为奖赏，然后你就可以在室内和它玩或者训练它了。如果你的狗狗已经足够大，可以出门了，那么在它便溺之后就带它去散步吧。

一些常见的误区

如果正确无误的家庭训练那么简单，那么为什么那么多宠物犬主人会遇到问题呢？以下是常见的问题及对应的解答：

为什么把狗狗关到它的狗屋里而不是它的游戏室里？

短时间地近距离地把狗狗关起来，这让你能够预测出狗狗什么时候需

要上厕所，然后你就可以在那儿引导它去正确的位置并且奖励它的正确行为。在一个小时左右被关着的时间里，狗狗虽然是在休息，但它便溺的需求也在逐渐形成。一旦指针指向整点，你如期地把狗狗放出来，它就会奔向它在室内或者后院的专用厕所，你的狗狗很快就会在那儿便溺。知道你的狗狗何时需要便溺可以让你选择合适的地方，更重要的是这提供了奖励狗狗使用厕所的机会。一旦它使用了厕所就奖励它是成功进行家庭训练的秘籍。如果狗狗在它的游乐室里关着，那么它很有可能使用它的室内厕所却得不到任何奖励。

如果我的狗狗不喜欢进笼子怎么办?

在把你的狗狗关进笼子（或者狗屋）之前，你必须先教会它爱上狗笼和约束。做起来其实很简单，把有洞的磨牙玩具装满狗粮和一些特别的美食。让狗狗闻一闻这个装满狗粮的玩具然后把它放到笼子里关上门不让狗狗进去。通常过不了几分钟你的狗狗就会求你给它开门让它进去了。转眼间，你的狗狗就会开心地进笼子埋头于它的玩具了。

当狗狗待在它较长时间被关起来的地方时，你可以把装满食物的磨牙玩具拴在笼子的里面并把笼子门打开。这样狗狗就可以选择它是想探索这个小区域，还是一边躺在笼子里的床上，一边试图从玩具里拨弄出食物。因为这个装满食物的磨牙玩具是拴在笼子里的，狗狗可以自由选择是进笼子里还是待在外面。大多数狗狗会选择带着装满食物的玩具舒服地在笼子里休息。如果你平常亲手喂它狗粮，而不是让它在碗里进食狗粮的话，那么这一招尤其管用。如果要使用这个方法，应当在每天早上把狗狗当天要吃的分量单独装在一个袋子里，以便防止给狗狗喂食过多。

如果我不想把我的狗狗关在笼子里怎么办?

不管是把狗狗关在笼子里也好，把它拴起来也好，这种短时间地限制狗狗行动的做法是一种暂时的训练方法，它能帮助你教会狗狗在哪儿便溺和应该咬什么。笼子是帮助你预测狗狗何时需要上厕所和让你的狗狗爱上

在把你的狗狗关起来之前，你必须确保你的狗狗会喜欢待在笼子里。把它一餐要吃的狗粮装在它的Kong牌（Kong是国外著名的宠物用品品牌）系列的磨牙玩具里然后再放进它的笼子，这招很管用。接下来的几招见效就更快了，打开笼子门的时候先让狗狗坐下。

把一个装满食物的磨牙玩具放在笼子里然后关上笼子门。

狗狗这时在笼子外面。让狗狗自己想想它现在的处境吧——食物在里面而自己在笼子外面。然后过一会儿，你再打开笼子门。

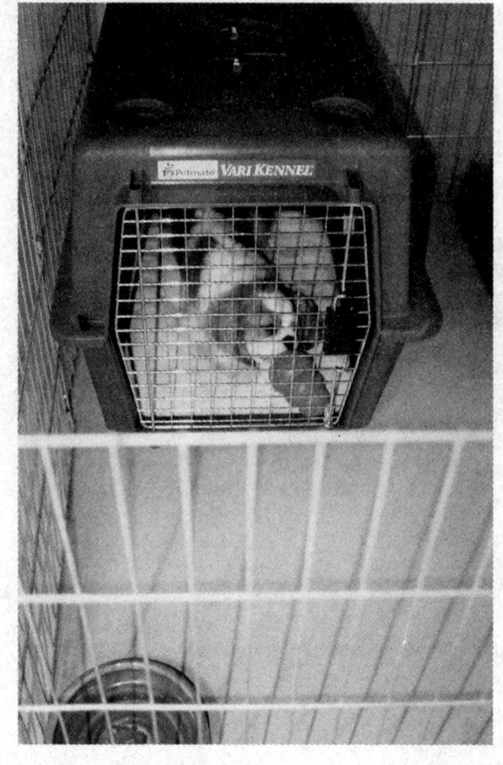

你的狗狗会赶紧钻进笼子里开始咬它的磨牙玩具。

磨牙玩具的最佳训练工具。一旦你的狗狗学会了在正确的地方便溺和只咬可以咬的东西，它在接下来的一生中就可以自由自在地在屋子里和花园里跑动了。其实你很有可能发现要不了几天，你的狗狗就开始喜欢上它的笼子并且自愿地在里面休息了。狗狗的小屋很安静很舒适，是它自己独特的空间。

如果与我们上面所说的情况相反，你的狗狗从一开始就被给予了不受控制的自由，那么它很有可能在以后会被关禁闭。它可能先被关到院子里，然后又被转移到地下室，然后沦落到被关在动物收养所的一个笼子里，最后孤单死去，被关在坟墓里。毫无疑问，随地大小便和破坏性的乱撕乱咬是在狗狗身上很常见的两个毛病。使用狗笼子可以帮助你的狗狗杜绝这些问题。

为什么不在狗狗被训练成功之前把它关在室外？

如果把它关在室外的话谁来训练它呢？灌木丛么？如果狗狗在不受监

管的情况下被留在了室外的话，它就会变成疯狂的破坏者。通常来说，这样的话你的狗狗将学会随时随地按照自己的意愿行事，你把它放到室内的时候它也会这样。那些被关在屋外长时间不接受训练的狗狗很少有被成功教育好的。它们会随意地大声叫、乱咬、乱挖、乱跑，而且它们很容易被偷掉。被关在门外的狗狗当在偶尔被同意进入室内的时候会过于兴奋，久而久之，它们就再没有进屋子的机会了。

为什么每隔一小时就要把狗狗放出来一次，而不是每 55 分钟或者每三小时呢？真的需要每小时就这样做一次吗？

三个月左右大的狗狗大概每 45 分钟就要上一次厕所，八周龄的狗狗每 75 分钟就要上一次厕所，12 周大的狗狗每 90 分钟就要上一次厕所，而 18 周大的狗狗每两个小时要上一次厕所。每个小时都把狗狗放出来会让你每个小时都有机会奖励狗狗使用了应该使用的厕所。你其实不必那么准地每小时一放，分秒不差，只是按整小时来算可以方便你记忆。

为什么带着狗狗跑去厕所而不是走着去呢？

如果你带狗狗去上厕所的过程很慢的话，它在半路上也许就已经解决问题了。而且由于跑动中产生的膀胱和肠道的晃动会使得狗狗在你让它停住的那一瞬间很想上厕所，自然而然地它就在它的厕所里排便了。

为什么不能把狗狗放在门外呢？它不能自己解决这些问题吗？

它当然可以。但是预测你的狗狗什么时候需要上厕所的意义就在于你可以告诉它应该在哪儿上厕所，并且给它应得的奖赏和表扬，这样你的狗狗才会知道你希望它去哪儿上厕所。而且，如果你看到狗狗上完厕所了，你就知道它暂时没有排便需求，你就可以在把它送回狗屋之前让你的狗狗在你的看护下好好逛逛屋子了。

为什么要指导狗狗排便？它难道不知道自己想上厕所吗？

通过之前指导你的狗狗去排便和之后奖励狗狗的正确排便，你将教会狗狗按照命令行动。当你和狗狗一起旅行或者是在其他受时间限制的场合下，狗狗学会收到暗示后才去上厕所是很实用的技能。你可以对狗狗说“快点儿”“自己解决吧”“大小便去吧”，或者用一些别的可以接受的口令指导它排便。

为什么要给狗狗三分钟呢？一分钟不够吗？

一般情况下，狗狗在被放出来 30 秒后就会小便，但它可能需要一到两分钟才会大便。所以狗狗排便是需要三分钟的。

如果狗狗不愿意上厕所怎么办？

那你就站在那儿不动，被你牵着的狗狗围着你打转的时候更有可能排便。如果狗狗没有在指定的地方上厕所，那也没什么大不了的。把它带回笼子，隔半个小时再试一次就可以了。重复上述步骤，直到它成功排便为止。最终，你的狗狗会在外面排便，而你也有机会奖励它。这样的话，下一个小时狗狗的排便过程就应该很顺利了。

为什么要表扬狗狗？难道排便完了的轻松感对它来说还不够吗？

在狗狗做对了事情的时候表扬它比在它做错了事情的时候批评它要有效得多。所以一定要表扬狗狗“真是只好狗”。训练狗狗的时候并不需要含蓄，当你表扬狗狗的时候也别不好意思，那些羞怯的宠物犬主人最终是没法训练好狗的，一定要奖励你的狗狗，告诉狗狗它刚刚完成了一件非常了不起的事情。

为什么要奖励点心呢？仅仅是表扬不够吗？

两个字：不够！很多主人，尤其是男主人，似乎没法很好地用言语来表扬他们的狗狗。所以这时给狗狗一两块（或者三块）点心可以很好地奖励狗狗的努力。付出就会有回报！“哇！我的主人太棒了！每次我在屋外大小便后她都会给我点心。我在沙发上便便的时候就从没得到过这么美味的点心。主人快点回家吧，我都等不及了。那时我又可以在屋外上厕所然后吃到好吃的了。”其实，可以把一些点心就放在狗厕所边伸手就可以拿到的密封罐子里，以方便你奖励狗狗。

为什么要用冷冻脱水的动物内脏？

训练的时候是你全力以赴的时候。记住我的话，到了训练的时候，请拿出王牌——狗狗点心中的法拉利，冷冻脱水的动物内脏。

我们真的要在狗狗大小便后喂它三块点心吗？这不会让它又很快想排便吗？

是，但也不是。当然了，你不必每次都给狗狗正好三块点心。但有趣的是如果我建议主人们在狗狗排便在正确的地方后喂狗狗一块点心，主人们总是很少照做。然而，每次我叫他们给三块点心的时候他们会仔细地数出三块点心喂给他们的狗狗。这就是我强调的：每当你的狗狗使用了正确的厕所以后要好好地表扬和奖励它。

为什么要和狗狗在室内玩耍？

当你因为狗狗使用了它的狗厕所而奖励了它以后，你就知道它暂时不需要排便了。这时训练你的狗狗或和狗狗玩都是再好不过了，因为你不必担心狗狗随意排便，搞得一片混乱。你肯定想和它度过一些愉快的时光（不被排泄物困扰），要不然你干吗要只小狗呢？

为什么要费劲带一只不需要排便的成年狗狗出去散步呢？

很多人都会掉进这样的一个陷阱里：他们把狗狗带到屋外或带去散步让它排便，它排便后人们将它带回屋内。通常这样重复几次狗狗就会知道"一旦我的大小便落地，我就不能继续散步了"！结果就是狗狗在外面的时候不愿意排便，而当它在屋外散了好一会儿的步之后再回到家，反而急需上厕所，它就在家解决了。不如让狗狗在家使用狗厕所，表扬它一番，再带它出去散步作为乖乖上厕所的特别奖励。这种做法难道不是更好吗？

养成带着你的狗狗去厕所（在你的院子里或者在你公寓前面的路上）的习惯，在那儿站一会，等你的狗狗排完便。表扬狗狗并且给它内脏点心作为奖励。"好狗狗，我们去散步吧。"用你自己的垃圾桶清理掉排泄物，然后就可以和你的狗狗尽情散步而不用担心它排便了。只需要几天的"不上厕所就不能散步”训练，你就会发现你有只上厕所最迅速的狗狗了。

如果上述我都照做了，但是还是发现狗狗犯错误怎么办？

合上手中的书，敲自己头一下。显然你没有按照指示的要求做。是谁让想上厕所的狗狗在屋子里乱跑的？是你自己！你是不是在发现它正在排便的时候批评或者责骂了它，这样只能让狗狗学会悄悄地排便，也就意味着你在场的时候它绝不会排便。这样你就会造成一个当主人不在狗狗就随地排便的恶性循环。如果你发现狗狗正在随地排便，这时你就要采取行动了。你应该声音轻柔又不失急促地对狗狗说“出去、出去、出去”，你的语调和声音中的焦急表达出你希望你的狗狗马上做什么事，而词语的意思是告诉狗狗要到哪儿去。你的反应或许阻止不了它现在所犯的错，但这有助于预防将来的错误。

永远不要没有指导意义地瞎批评你的狗狗。没有特指的批评往往只会适得其反，不仅会吓到狗狗，而且会破坏狗狗和主人之间的关系。你的狗狗不是一个“坏孩子”。恰恰相反，你的狗狗是一只乖狗狗，但是却被迫干坏事，因为它的主人不能给它可以遵循的简单的指示。

请仔细阅读并遵照上述指导训练吧。

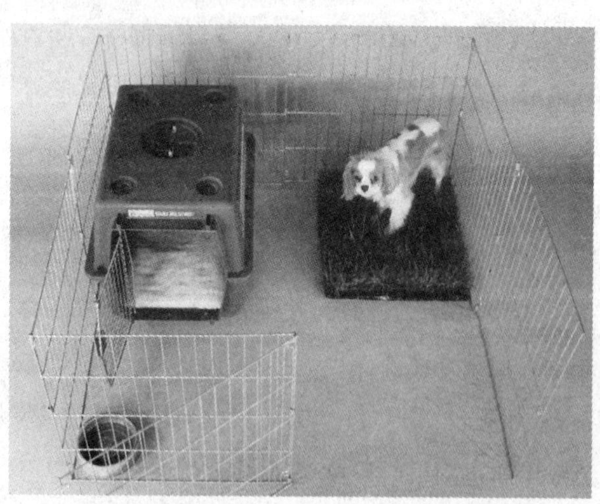

每隔一个小时就把狗狗带到上厕所的地方——不管是它长期在院子里的厕所，还是在它被关着的地方的临时厕所——并且在它排便后好好奖励它一番。

狗狗的厕所

你需要在一个小盒子里或者油布里装上供狗狗在上面排便的材料，这就是一个很好的狗厕所。例如，住在郊区的狗狗很有可能会在外面的土地或草地上排便，然后自己扒土把排泄物盖住。你就可以找一个垫子，在上面铺点土或者草。对于城市里的狗狗来说，它们则是在水泥路边排便。你的狗狗很快就会有强烈的嗅觉偏好，它们每到闻起来味道相近的地方就会想排便。

如果你有一个后院的话，除了带你的狗狗去在屋子游戏区内的厕所，每次你把它从狗屋放出来的时候也可以把它带到户外的厕所。如果你住在公寓里，没有院子的话，那么在你的狗狗长到三个月大、可以去户外探险之前，要教会你的狗狗使用室内的厕所。

训练你的狗狗使用室外的厕所

在最初的几个星期里，你要使用牵引绳带着你的狗狗出门。快速带着它来到上厕所的区域然后站在那儿不动，让狗狗围着你打转（它在排便前通常都会这样做）。每次狗狗主动来到厕所附近的时候你都要奖励它。如果你有一个有栅栏的院子，你可以把狗狗带到栅栏外让它选择它想在哪儿排便。但是记得根据它选择的地点离指定地点距离的不同来区别奖励。如果它在指定区域外快速完成排便的话奖励一块点心，在指定区域内完成的话奖励两块点心。在院子里划出个半径五码的圆形区域来给狗狗当室外厕所。狗狗离中心越近，得到的奖励就越多。比如，狗狗在离中心两码的地方上厕所的话就奖励三块点心，要是能在中心上厕所的话就奖励五块点心。

问题

即便你使用了上述方法，一个星期之后你仍有可能碰上狗狗随处大小便或者乱搞破坏等问题。请参考我的家庭训练和磨牙训练行为系列丛书，该书由詹姆士和肯尼斯出版社出版（联系方式：www.jamesandkenneth.com）。

什么是磨牙玩具

磨牙玩具是用来让狗狗咬的物体，它难以被破坏而且也不能食用。如果你的狗狗毁坏了一个玩具，你必须重新买一个来代替它，无形中会花去你很多钱，所以经得住啃咬的磨牙玩具就实惠得多。如果你的狗狗吃了不可以食用的东西，那么你要重新买的可能就是一只小狗了，因为吃了不能吃的东西对狗狗的身体会造成极大的危害。

你选择什么样的磨牙玩具取决于狗狗喜不喜欢咬东西和它的口味。对于有些狗狗来说，牛蹄子或者压制的皮质物品会很有嚼劲，而这些对于别的狗狗来说在几分钟之内就能撕碎，空心的无菌骨头可以做第二选择。我喜欢 Kong 牌的系列产品和无菌骨头，它们简单、自然，而且有机——它们不是塑料制品。而且，它们都是空心的，所以很方便主人装食物进去。

正确的磨牙玩具使用训练

狗是一种有好奇心的社会性动物，当它被独自留在家的时候它需要有事可做。你希望你的狗狗做些什么呢？玩填字游戏？绣十字绣？看电视上的肥皂剧？你必须为狗狗提供一些事情来让它打发一天的时间。如果你的狗狗喜欢咬磨牙玩具，那么你就让它可以安定下来好好地咬磨牙玩具。你应该教会狗狗不咬家具只咬磨牙玩具，一个有效的办法就是把磨牙玩具里塞满狗粮和小点心。事实上，在你的狗狗刚到家的几个星期里，不要使用食盆，留下一些狗粮作为诱饵或者奖励，然后可以把剩下的都塞到空的磨牙玩具里空心漏食球、无菌骨头等。

为了正确地进行磨牙玩具使用训练，你必须限制住狗狗的行动。当你不在家的时候，把狗狗放在有床、饮用水、狗狗厕所和装满食物的磨牙玩具的游戏区里。当你在家时，把狗狗放在有很多含狗粮的磨牙玩具的狗屋里。每隔一个小时把狗狗放出来上厕所，玩磨牙玩具小游戏——磨牙玩具捉迷藏、磨牙玩具寻回游戏或者磨牙玩具拔河赛。你的狗狗很快就会养成只咬磨牙玩具的习惯，因为它可以咬的玩具就只有这个了，而且磨牙玩具里的狗粮和点心会让磨牙玩具变得更有吸引力。

一旦狗狗爱上了磨牙玩具，而且至少在一个月内都没有乱咬或乱排便，你可以把房间数增加到两个。逐渐地，狗狗可以活动的房间越来越多。最后，当它被独自留在家的时候，它就可以享受在室内和院里随处走动的自由了。如果它乱咬东西的错误行为一旦发生，接下来的至少一个月里，它

狗狗刚到家的几个星期里，除了训练和你陪它玩耍的时间外，要让狗狗在别的时间里都待在它短时间或者长时间被关的地方，因为在那儿能咬的只有装满狗粮和点心的磨牙玩具。

只能在它最初的空间里活动。

教会狗狗爱上咬磨牙玩具除了能让家里的东西免遭损坏之外，还可以让狗狗不乱叫，因为狗狗在咬东西的时候是没法叫的。咬磨牙玩具也能帮助你的狗狗快速地安定下来，因为它在咬东西的时候也不能乱跑。

爱咬磨牙玩具对于有强迫症的狗狗来说很有效，因为磨牙玩具可以方便又有效地解决这些问题。你的狗狗也许有强迫症，但是爱上磨牙玩具的狗狗们会很乐意把大把的时间花到啃咬含食物的磨牙玩具上的。

最重要的是，咬磨牙玩具不仅可以让狗狗一直有事情做，而且可以有效防止狗狗因为和你分离而产生的焦虑。

把狗狗的正餐装在磨牙玩具里而不是食盆里

一般来说，狗狗正餐的热量应该占一天中所需热量的多数。这种行为却促使它们有更多精力乱叫和乱跑。更甚的是，如果你让狗狗狼吞虎咽地从食盆里进餐的话，接下来的一天它都会过得百无聊赖，因为它不需要找吃的了。在野外，搜寻食物的时间会占到狗狗醒着的时间的90%，所以从某种意义上来说，用食盆定期定量地装狗粮喂狗的行为会剥夺掉它一天中最重要的任务——觅食。其实，充满好奇心的狗狗会把觅食当成一天的娱乐项目。而不是像你想的那样，狗狗打发时间的方式就是搞破坏。

毫无疑问，定期地给刚被领回家的狗狗用食盆喂食是对狗进行训练和管理中一个很大的误区。尽管你不是故意的，但是用食盆给狗狗喂食对于狗狗良好习惯的养成和健康的维护都是极为不利的。也就是说，用食盆喂食的每一餐都剥夺了狗狗生存的意义。在几秒钟内狼吞虎咽完它的一餐之后，这只可怜的狗狗不得不面对接下来一天的空虚，它无所事事，只能胡思乱想、变得更加暴躁，最后自己发起疯来。

在狗狗适应空虚的过程中，正常的行为例如咬、叫、遛弯、整理毛发和玩耍都将变得模式化、重复性强、而且缺乏适应性。那些特定行为出现的频率会逐渐增加，直到这些行为除了用来打发时间以外再没有其他意义的时候才会停止：试探性的撕咬行为变成了破坏性的撕咬；警告性的吠叫变成了持续不断的乱叫；从一个地方闲逛到另一个地方变成了不断地踱步和转圈；对于光影的探索变成了神经质的追逐；定期的毛发清理变成了不

吱吱作响的玩具是训练中非常有效的诱饵和奖励，但是会响的玩具却不是很合适的磨牙玩具。会响的玩具极其容易被破坏，也很容易被吞下去。如果你让狗狗在没有人看护的情况下玩玩具，那么这些极具诱惑性的玩具反而会促进狗狗的破坏欲。

磨牙玩具必须看起来结实耐用，由天然的材料（例如橡胶或骨头）做成的，并且是空心的（可以塞狗粮）。装了狗粮的磨牙玩具和偶尔奖励的小点心将会引导狗狗关注于如何把吃的搞出来而不是去破坏玩具，并且装满狗粮的磨牙玩具将会延长使用寿命。

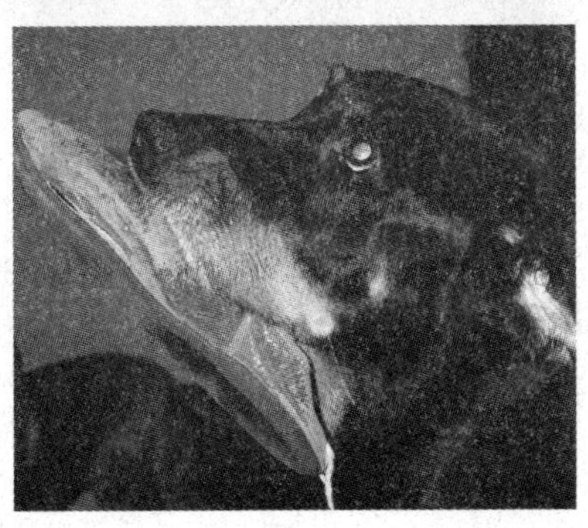

一旦你的狗狗认识到特意设计的磨牙玩具是唯一适合咬的东西时，它就可以被允许玩其他玩具了。它喜欢叼着鞋子又撕又扯，但却从不把鞋子咬坏也不会把鞋子弄丢。

停地舔、挠、追逐尾巴和搔弄头部，极端的情况下甚至会造成自残。

固定模式化的行为会释放出脑内啡激素，进而导致这种重复的行为不停地发生，在某种程度上来说，狗狗会变得沉迷于这种愚蠢的活动。模式化的行为就像行为中的癌症，这些行为会不停地出现，占据狗狗大部分的注意力，直到这些“身患癌症”的狗狗用大把大把的时间来乱咬乱叫、无目的地转圈子折腾自己，或者是空洞地盯着某个地方发呆。

狗狗的早教中很重要的一点就是要教会它如何平静地度过一天。只用那些磨牙玩具给你的狗狗喂食会让你的狗狗一直有事情做并且一直感到满足，它能让狗狗的注意力一直集中在一件愉快的活动上，这样狗狗就不会觉得孤单。每一块掉出来的狗粮都是对于狗狗乖乖咬磨牙玩具而不是乱跑乱叫的奖励。

给磨牙玩具装食物的诀窍

一个旧的磨牙玩具在装满食物之后就能够重获魅力，激动狗心了。只要你正常地给狗狗喂食，那么它并不会长胖。为了控制狗狗的体重，让它的心脏和肝脏保持健康，在训练中要尽可能少地使用点心。用狗粮作为日常基本行为教学的诱饵和奖励就可以，冷冻脱水的动物内脏用于最初的训练或者给狗狗见孩子、男士或者陌生人的奖励，也可以作为填充磨牙玩具的特别配方（见下文），或者是作为对狗狗的特殊奖励。

给磨牙玩具装食物的入门知识

给磨牙玩具填充狗粮的时候要注意如下规则：把部分狗粮装在表面，这样狗狗一开始咬磨牙玩具就能吃到一些狗粮；把部分狗粮放到深处，这样可以吸引狗狗继续咬磨牙玩具；把最美味的食物卡在磨牙玩具的最里面，狗狗为了吃到最好吃的食物就会不停地咬磨牙玩具。把一小块冷冻脱水的动物内脏塞在磨牙玩具顶端的小洞里，这样狗狗永远没办法把它弄出来。在磨牙玩具的内侧抹一些蜂蜜，然后装上狗粮，最后用交叉的狗饼干堵住洞口。

磨牙玩具的填充方法可以有很多有创意的花样。我最喜欢的一种方式是先把狗粮浸泡一下，使它变软，然后用勺子装到磨牙玩具里，再把它放在冰箱冻一晚——一个磨牙玩具雪糕就做好啦！狗狗会爱上它的。

磨牙玩具让你一劳永逸

如果从一开始你就把狗狗关在一个有各式各样装满食物的磨牙玩具和空心漏食球的地方，那么这些磨牙玩具很快就会变成它生活中的一部分，狗狗将会养成咬磨牙玩具的习惯。和坏习惯一样，好习惯一旦养成也很难戒掉。你的狗狗会把一天中的大部分时间花在有趣的磨牙玩具上。

让我们停下来想一想，狗狗安静地忙着咬磨牙玩具，有多少“灾难”就这样不知不觉地被化解了！狗狗不会再咬不应该咬的室内外物品，它不会为了好玩而乱叫（当陌生人来到家里的时候它仍然会叫，但是它不会整天毫无意义地吠叫）。当它独自在家的时候它不再会只是闲着乱转、焦虑、自己和自己较劲了。

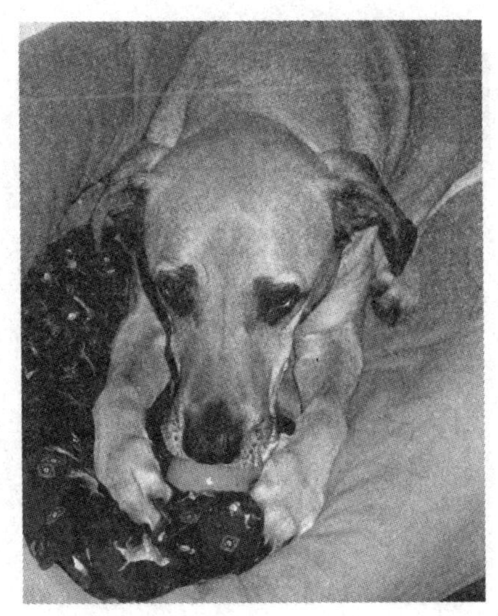

教会狗狗喜欢磨牙玩具的一个好处是这个活动将会让狗狗无法做那些不讨人喜欢的活动。装满食物的磨牙玩具是最好的压力释放器，尤其对于那些焦虑、有强迫症、性格紊乱的狗

狗格外有效（给狗狗一个磨牙玩具也是给了狗主人一个释放压力的机会），再也没有比这个更容易预防及解决狗狗坏习惯和行为问题的方法了。

嘘，安静下来

在你的狗狗教学日程表上，需要安排好它一天中什么时候可以玩耍，什么时候需要安静。你尤其需要教会幼犬安定下来，并在短期内保持安静，那么你的生活会变得宁静许多。一旦狗狗知道了主人让它安静下来只是在和它玩一个特别的小游戏的时候，它就不会那么容易紧张了。

需要留意的是不要掉进这样的陷阱里：在你的狗狗刚到家的日子里你和家人不停地关心它、爱护它。如果这样的话，当家人上班的上班、上学的上学，只剩狗狗独自在家的时候，不管是白天还是黑夜，它都会不安、暴躁、乱叫的。狗狗这时是很孤单的，因为这是它头一次离开它的母亲、它的小伙伴和人类的陪伴。

狗狗初次独自在家的经历是很重要的，一旦你能够帮助它适应这个时间段，那么你就可以进一步帮助狗狗解决独处时的焦虑问题。

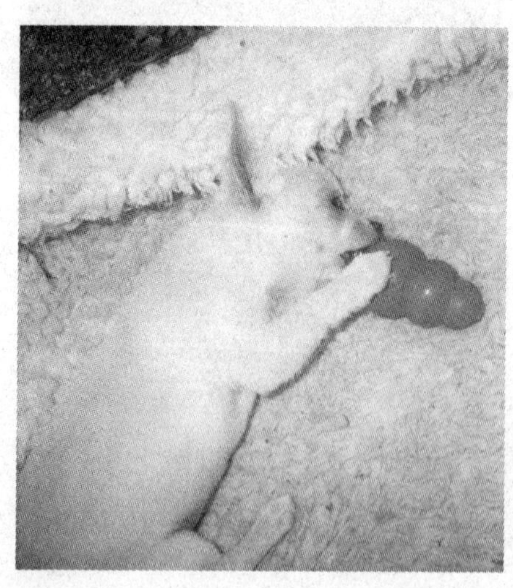

吉娃娃显然没有奥林匹克级别的撕咬破坏力，但是它们很能叫。一个装满食物的磨牙玩具可以教会它如何快速平静地安定下来。

一般来说，不在城市里喂养的狗狗很有可能会长时间地独自与玩具为伴，所以教会狗狗如何度过独处的时光还是有意义的。否则，当狗狗被丢在家的时候就很有可能产生焦虑情绪，并且养成乱咬乱叫乱跑这些难以纠正的习惯。

当你在家的时候把狗狗关到有许多磨牙玩具的狗屋里，那里的磨牙玩具可以用来进行室内训练和磨牙训练，并且能让狗狗安静下来。当你在家时，把狗狗短时间地关起来也很重要，这样可以教会它享受独自在家的时光。

我当然不是在鼓吹应该把狗狗独自关在家中，但这就是现实，许多宠物犬主人每天都要离开家去谋生计，所以也只能让狗狗做好独处的准备。

当你在家的时候，你要把狗狗短时间地圈禁起来。这样做的意义不是整小时整小时地把狗狗关起来不跟它玩，而是教会它在不同的情况下如何尽快安静下来。请确保狗狗在活动范围内能找到的物体就是装满食物的磨牙玩具。让我再重复一遍，如果狗狗正在快乐地忙着咬装满食物的磨牙玩具，那么它是没有工夫破坏家里的东西或家具的，也没空乱叫。

当你在家的时候，偶尔把你的狗狗关到它的游戏室（它可以在较长的时间里待着的地方）作为你不在家时的训练也是个不错的主意。这样你就可以知道当狗狗独自在家的时候都会做些什么了。

为了让你的狗狗习惯在不被拴着的情况下安静下来，你需要把一个装满食物的磨牙玩具放在离它很近的地方，比如放到电视旁的踢脚板上，这样就可以在看电视的同时照看狗狗了。还请记住，狗狗每个小时都要被带去上厕所哦。

当狗狗独自在家时

狗狗不是电视机也不是游戏机，当面对一只不听话的狗时，你没法拔掉插头或者取出电池来让它消停下来，所以你得教会它怎样安静下来。从一开始，你就要教狗狗学会保持安静，并使之成为它生活中的一部分。除此之外，还应该鼓励狗狗在你的身边尽可能长时间地静静待着，时间越长越好。例如，当你看电视的时候，你可以让狗狗戴着项圈躺在它的小窝里，但是电视放广告的时候可以把它放出来玩一小会儿。

在和你的狗狗玩耍的时候，你要让它每隔 15 分钟就安静下来一小会儿。最开始，在让狗狗接着玩之前让狗狗保持几秒钟卧姿不动。15 分钟后，再次在游戏时间里穿插 3 秒钟卧倒游戏。可以尝试 4 秒钟、然后延长到 5 秒、8 秒、10 秒甚至更长时间。尽管这在一开始会很困难，但是在“安静下来”和“我们一起玩吧”之间的转换可以让狗狗很快地学会如何迅速、快乐地安静下来。狗狗会知道被要求安静下来不是世界末日，也不一定是游戏的终结，而是代表着短暂的有奖励的休息，之后它就可以接着玩啦。

如果你的狗狗学会了如何安静下来并严于自律的话，那么你将来就

会受益无穷。一旦狗狗学会按照提示安静下来并且噤声的话，你们就可以更好地相处。训练良好的狗狗会被邀请参加各种各样的活动，比如散步、驾车旅行、野餐、聚会、去祖母家，甚至可以去允许宠物入住的宾馆等地方开始奇妙的旅程。另一方面，如果你在你的狗狗还小的时候放纵它，那么等它长大了它无疑会变得肆无忌惮。它会变得好

由于克劳德性子很急躁，并且撕咬破坏力很强，在被领养的头十天里，它都只能从磨牙玩具里吃到狗粮。

动、不受控制，因为你总是放纵它。如果狗狗进入青少年期还没有学会如何安静下来的话，那么它就不适合被带出去。当家里人出去玩的时候，它就只能在家里与禁闭和孤单为伴。这多么不公平！

如果你的狗狗已经成功地学会享受独自在家的时光了，这时你就可以雇佣一个狗狗保姆。例如，你家附近住着一个老人家，他很喜欢和狗狗一起相处。他或许愿意在白天的时候过来，坐在你家沙发上看会儿电视、吃点儿冰箱里的东西，帮你进行狗狗圈养计划、奖励狗狗使用狗厕所、定期地和狗狗玩、教会它家里的规矩。

分离焦虑症

如果你在家，狗狗可以毫无限制地和你亲密，那么它将变得极有依赖性，而这种依赖性正是狗狗们被独自留在家里产生焦虑的原因。

尽你最大的努力教会狗狗享受独处，培养其自信和自立能力。当你在家时，适时地把狗狗关起来一段时间，这将有助于狗狗适应你不在家的状况。一旦你的狗狗不再害怕独自在家，到时候，它就可以自由地整天绕着你跟你玩了。

克劳德的磨牙玩具时光——它安逸地度过独自在家的时光（它咬磨牙玩具咬睡着了）。

当把你的狗狗整小时地关在圈子或者狗笼里的时候，注意观察，如果它被放在和你不同的房间里，它会如何反应。例如，当你在厨房里准备食物的时候可以把它暂时放在餐厅里，然后当家里人在餐厅吃饭时，可以把它挪在厨房里。

当你不在家里的时候

确保在磨牙玩具里装上狗粮和小点心，然后在磨牙玩具的小洞里装上冷冻脱水的动物肝脏，或者装到空心骨头里。把这些美味的装满食物的磨牙玩具放在狗狗要长期待着的地方然后关上门——把你的狗狗关在门外。当狗狗求你打开门时，开门让它进去，关上门然后自己悄悄离开。狗狗为了弄出磨牙玩具里的美味点心将会不停啃咬，每掉出一块食物都是对狗狗的奖励。如果它咬累了，它就可以小憩一会。除此之外，你还可以打开家里的收音机。这种声音将会提供使用噪音来模拟户外环境。收音机的声音也可以让狗狗感到安心，因为这会和你的存在联系到一起。我的爱斯基摩犬菲尼克斯就很喜欢听古典音乐、乡村音乐和卡利普索。它也喜欢电视的声音，尤其是ESPN和CNN电视台，也许它喜欢男性的声音，这能够让它更加安心。

当你回家时

在狗狗叼回磨牙玩具到你面前的时候，你要表扬它或者拍拍它的头，并且用钢笔或者铅笔把狗狗之前一直没法弄出来的冷冻肝脏抠出来交给它。这会让狗狗对你崇拜得五体投地。

狗狗们是很乐意睡得天昏地暗的。正如我之前所说，狗狗有两个活动的高峰期，就是清晨和傍晚时分。因此，在你早上刚刚出门和晚上刚刚回家的时候，狗狗是最有可能乱扑乱叫的。给狗狗留下装满新鲜食物的磨牙玩具，并且在回家的时候给它提供它无法自己获取的点心，这将会鼓励狗狗在活动的高峰期找回它的磨牙玩具。

双重性格的狗狗

如果你在家的时候过分宠爱你的狗狗，狗狗就会在你不在家的时候非常思念你。这样一种双重环境将会培养出双重性格的狗狗（你在的时候注

许多狗狗焦虑症的征兆其实就意味着狗狗训练不足，这些狗狗通常被允许在不被监督的情况下满屋子乱跑，而且主人的爱护会让它们热切期盼和主人团聚。

意力集中，你不在的时候注意力涣散）。当你在家的时候，这种狗狗将会充满信心；但当你们分开时，它会情绪低沉。

如果你让狗狗过度依赖你的存在，那么当你不在的时候它就会变得非常焦虑。狗狗的抑郁症对你们双方来说都不是好消息。一旦压力变大，狗狗就会容易养成坏习惯，例如在房间里排便、乱咬乱挖洞、乱叫等。焦虑对你的狗狗来说是糟糕的体验。

在狗狗刚到家的几个星期里，频繁地把狗狗关起来对它的自信心和独立性的培养是非常有必要的。一旦你的狗狗在自己独处的时候能快乐地忙于折腾它的磨牙玩具时，你就可以放心地去呵护自己的狗狗了，因为它表现出来的自信让你不用担心它在没有你的陪伴时会变得焦虑。

愉快的周末和烦恼的工作日

趁着周末和狗狗亲近是很棒的，一星期连续五天大家都忙着上班、上学而冷落了狗狗，要好好补偿它。不过，在周末的时候多和狗狗玩耍并训练它的同时，也要时不时地对它冷淡一下，好让它为接下来独处的时间做好心理准备。

这真的是分离焦虑症吗

大多数不听话的狗狗正是因为分离焦虑症才会在主人不在家的时候大肆破坏的。事实上，它们只是在寻找解脱的方法。当主人不在的时候狗狗乱咬、乱挖、乱叫、乱拉，是因为它知道主人不在家，才敢做这些坏事。

“主人不在家，狗狗当大王”，这种行为其实是一种暗示，它表明主人曾经试图用惩罚来控制狗狗的行为，其实主人这时应该教狗狗如何去做——也就是说，如何用一种可以被接受的方式来表达狗狗的需求。通常来说，分离焦虑症只是一个借口，而事实是你没有训练好自己的狗狗。

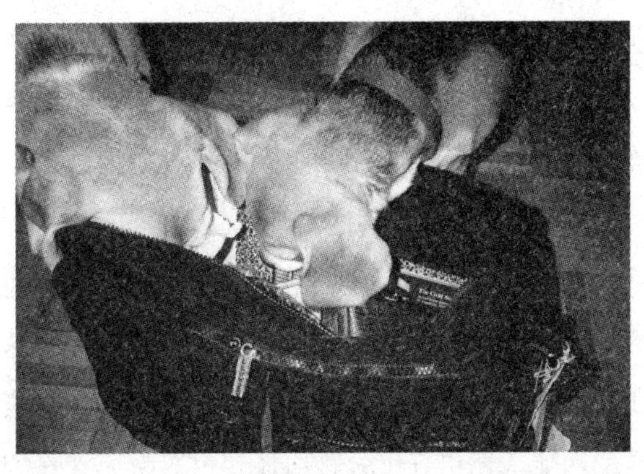

米格鲁猎犬打开了一个没人看管的客人的行李箱。

晚上应该做些什么

你来选择狗狗晚上睡在哪。狗笼、厨房或者卧室里的狗窝，随你决定。或者你想让你的狗狗在紧挨着你的床边的沙发上休息也是可以的。重要的是，狗狗被关在一个小区域里，能否可以快速地安静下来。给狗狗一个装满食物的磨牙玩具，这样它咬着咬着，不一会儿就睡着了。

一旦你对它进行了良好的家规训练和磨牙玩具训练，并且它也学会了如何快速地安静下来，你就可以允许狗狗选择它自己想睡的地方了——屋子里、屋子外，楼上、楼下，在你的卧室、在你的床上，只要你俩意见能达成一致就行。

在白天练习让狗狗躺在你的床边（或者任何你让它睡的地方）。换句话说，让狗狗习惯于在你睡前自己安静地睡着。

当白天你醒着并且心情好的时候来教教狗狗晚上的规矩是个好主意。不要等到你已经很累了，大脑迷迷糊糊地想睡觉的时候才来训练你的狗狗。在白天，训练狗狗在你的卧室或者别的房间躺下，让它适应独自入睡。

如果你的狗狗在夜晚呜呜地叫，那么每十分钟就要去看看它。温柔地和它说话，轻轻地抚摸它约一分钟，然后再回到床上。但是要注意控制这个度。这么做是为了安抚你的狗狗，而不是让它学会半夜里故意呜咽来获得关心。而且，上床不要直接入睡，你也许十分钟后还要再次起床看看狗狗。我还发现等狗狗最终睡着了的时候，再去看看它、摸摸它会让我很是欣慰。许多人不敢这么做，生怕会吵醒了小家伙，但这招对我来说很好用（我对我儿子也是这样）。

如果你按照上面的指导来做，你会发现短短不到七天的时间里，你的狗狗就已经学会如何迅速安静地独自入睡了。

坐下和其他

我想如果我再不说一下如何训练狗狗乖乖坐下，恐怕会有不少狗主人要失望了。好吧，这其实也很简单。问狗狗“你想学会如何坐下吗”，然后拿一块狗粮在它鼻子前上下移动。如果你的狗狗点头（其实是跟着狗粮在晃脑袋）表示同意，那么你们就可以开始啦。

说“狗狗，坐下”，然后拿着狗粮在它面前来回移动，如果它想要跟上狗粮，它就得坐下。很简单，是不是？

现在说“狗狗，趴下”，并夹一块饼干在拇指和食指之间，放低你的手，手掌向下，就放在爱犬的两只前爪前。狗狗会低下头用鼻子闻饼干并会放低前肢，好让鼻子的一侧蹭到地板上来蹭你手中的饼干。把饼干往狗狗胸部的地方推去，它就会把后半身矮下去，最终就会卧倒了。

说“狗狗，坐下”并在它鼻子前晃动食物当诱饵，然后把食物抬高（手掌向上）。狗狗盯着食物向上看，身子就会坐下。然后你要表扬狗狗“坐得很好”，然后把食物给它作为奖励。

说“狗狗，趴下”，然后放低诱饵（手掌向下），摆在狗狗的前爪前面。狗狗会低下头用鼻子追踪食物然后趴下。这时你要表扬狗狗“趴得好”，也可以给它食物作为奖励。

现在说“狗狗，站起来”，然后将狗粮往狗狗的前方移动（你也许需要晃晃狗粮来重新吸引狗狗）。把狗粮放在和狗狗鼻子平行的高度，一旦狗狗站起来开始闻的时候就降低一点，不然狗狗一站起来就会坐下。

现在试试几种命令的混搭。退后几步并说“狗狗，过来”，同时晃动狗粮。一旦狗狗过来就好好地表扬它，然后在给它狗粮前要求狗狗再次坐下和趴下。一块狗粮换三个动作——不赖吧？然后尽可能地在同一天多多练习“过来”、“坐下”和“躺下”这三个指令，或者根据狗粮的数量来定，有多少块狗粮作晚餐就练多少次。

说“狗狗，站起来”，然后把狗粮从狗狗的鼻子前拿走并晃动。狗狗一站起来就表扬它，说“站得好”，也可以给它食物作为奖励。

随机地多次练习这三种姿势——坐下、趴下、站起等。看看狗狗愿意为了一块饼干改变多少个姿势，看看你可以在给食物奖励前让狗狗保持姿势多久（不要让狗狗坚持太长时间）。奇怪的是，你给的奖励越少、你让狗狗保持动作的时间越长，狗狗就训练得越好。欢迎来到奖励训练法的奇妙世界！

不听话的狗狗们

对于狗狗来说，不听话是最容易出现的大毛病，这真的很可悲。许多小狗在它们到家的第一个星期就遭到主人严厉的警告。小小的乱排便、乱啃咬的错误就会让它们被关进后院，从而一错再错，变本加厉地开始乱叫、乱挖和逃跑。当狗狗逃到大街上，或者被困在用来对付野生动物的弹簧锁陷阱里，或者被关进动物收容所时，它就已经养成了很多行为上的问题，顽劣难改。

令人遗憾的是，宠物犬主人若是能及时采取措施，这些问题本应该是可以预防的。

06

第四阶段的训练

狗狗与人的交往（三月龄）

将狗狗调教得待人友好是宠物犬驯养中第二重要的目标（要始终记得最为重要的目标是控制啃咬行为）。在狗狗来到家里的第一个月，当务之急就是教会它如何与人相处。

狗狗在三月龄之前应该保证和人类有着充分的相处。许多人认为幼犬培训班就是让狗狗学习与人交往的好机会，实则不然。培训班内容少，在训练进度表上安排的时间也有些晚。幼犬培训班顶多就是主人跟狗狗一次愉快的出行，为那些已经接受了社会化训练的狗狗提供机会，好让它们能够与其他人和狗狗多多相处，当然，最重要的是，让狗狗们学会控制啃咬行为。

现在你只剩下若干星期来调教你的狗狗。不幸的是，狗狗在三个月大之前都只能待在室内，因为它的免疫力还不足以抵抗各种疾病。然而，在这个关键的发展阶段，仅仅是短暂的社交隔离期都有可能毁了狗狗的品性。不过同类之间的交往可以相对推迟一些，等狗狗长到一定年龄，可以去宠物犬学校和狗狗公园了，再去调教也不迟。但是对它进行与人交往的训练可是不能拖延的。与一只不喜欢自己同类的狗狗共处一室不算什么，但是，和一只不喜欢跟人类相处的狗狗住在一起可是有着潜在的危险的，特别是如果它讨厌你的某位朋友或者家人的话。

因此，把自己的狗狗带到众人面前是一件很有必要、不能耽误的事，让它见见家人、朋友、陌生人，尤其是男士和孩子们。从以往经验来看，狗狗在长到三个月大前应当至少见过一百个不同的人，也就是说，平均一天要见一个人。

迫在眉睫

从你把狗狗抱回家的第一天起，时间就开始紧迫了。在八周大的时候，狗狗学习社交能力的关键时期就已经在缩减了，再过不到一个月，它最重要的学习期就要接近尾声了。眼下事事都需要你亲力亲为。

注 意

狗狗有可能因为嗅闻同类的尿液与粪便而感染上严重的疾病，因此绝不要让狗狗去其他狗狗到过的地方。你可以开车载狗狗兜风或去拜访朋友，但是要记得抱着狗狗从房里直接上车或者从车里直接回房，两点一线。当然上述的预防措施在去兽医诊所的时候也一样适用。诊所门口和候诊室的地板是感染源最为集中的两处地方。把狗狗从车里抱进诊所，让它趴在自己的膝头上候诊。最好是在接受诊治之前都让狗狗待在车子里。

拥有狗狗是美梦还是噩梦

宠物犬最重要的品质还是它的性格。与性格宜人的狗狗同住可谓是美梦，不过若换作了性格令人棘手的狗狗，那可是永恒的噩梦。不论品种，单说狗狗的性格及它对人类以及同类有着怎样的感情，主要还是看它在幼犬时期是否受到过良好的社会化训练。幼犬时期是狗狗一生中最重要的时间段，你应把握这大好机会，培养出狗狗优秀的性格。

与一百个人见面

可利用狗狗需要禁足室内的时候邀人来到家中。让狗狗在三个月大之

不错的开端。让狗狗在家里一次见到十八个人。

前见到一百个不同的人听起来似乎是不可能的事情，但是要做到也是很容易的。只需一周两次，邀请不同的六人组来家里观看电视上的体育节目即可。

用电视转播的体育节目、比萨饼和啤酒把男士们“勾引”过来；并且在同一个星期里的另外几天，再用冰淇淋、巧克力和谈心把女士们给吸引过来（或者反过来行事，你可比我要更了解自己的朋友）。再找一天晚上，邀亲朋好友、邻居来家里办一个狗狗见面会，尽一尽自己未完成的社会义务。如果工作允许的话，还有一招就是把狗狗带去上一天班。或者试试一周一次的狗狗派对。总之，别对你的狗狗“金屋藏娇”。要让狗狗学习社交，它对你的社交生活也有意想不到的帮助！

邀请函样本

好人先生

诚挚邀您参加

狗狗见面会

三月七日，晚七点半至九点半

请移步寒舍
助我的狗狗学会亲近男士
备有健康美食、矿泉水
以及电视体育节目
随行请另携男性好友一名
答复请致电（510）555-1234

社交培养三目标

1. 教会狗狗乐于接受人们的出现、动作和古怪行为，先从家人开始，接着是友人和陌生人——尤其是小孩子和男士们。成年犬在孩子（小男孩尤甚）和男士身边时最为不自在。如果狗狗在幼犬时期，伴其成长的孩子和男士很少，或者是在与其交往时曾经有过不快的甚至是恐怖的记忆，都会使狗狗对人类产生反感。

2. 教会狗狗享受来自人类的拥抱和触摸，特别是孩子、兽医和宠物美容师。更重要的是要教会狗狗接受对“敏感区域”的抚摸，也就是说，它的脖颈附近、耳朵、爪子、鼻口处、尾巴和臀部。

3. 教会狗狗在必要的时候放弃那些它宝贝着的东西，特别是狗食盆、骨头、皮球、磨牙玩具、垃圾和纸巾。

1. 教会狗狗喜欢和尊敬人类

狗狗来到家里的第一个月是必须与生人隔离的，不过为了补偿这个社交真空期，主人可以在狗狗的安全范围内让它见到尽可能多的人。第一印象是很重要的，所以一定要确保狗狗和人们的初次见面是愉快欢乐的，可以让每个客人都亲手喂给狗狗一些狗粮。喜欢与人相处的狗狗成年后也同样会喜欢和人在一起，而且乐于和人类相处的狗狗不大会受惊或是咬人。

教会狗狗适时表现出友好、好玩和安抚的动作，让人们对你的狗狗产生好感，也好让狗狗亲近人类。

要确保每次邀来家中的都是不同的人，如果狗狗只是重复见家里的熟面孔的话，对它的社会化训练并不会起到什么积极作用，狗狗需要惯于见生人。要注意的是必须保证卫生，安全第一：让客人们在门外脱鞋，抱狗狗之前要洗手。

训犬小奖品

为了防止狗狗吃到过多的垃圾食品，可以采用适当分量的狗粮作为训练时候的小奖品。为避免家人过量喂食狗狗，每天早起第一件事你要做的就是用单独的容器把狗狗一天食用的分量装好。这样一来，只要容器里还剩一点儿狗粮，不管是一天里的什么时候，都可以拿出来给它做零食、做正餐，或是在训练时亲手喂给狗狗当作奖赏。

分给每位客人一袋狗粮用来当训犬奖品，这样狗狗容易从一开始就喜欢上人类。展示给客人看如何使用狗粮来引诱和奖赏狗狗完成“过来”“坐下”“躺倒”等动作，训犬技巧见本书 80 至 82 页。唤狗狗过来，当它往自己的方向移动时便好好夸奖它，待它来到之时就给它一块狗粮做奖励。退回去再做一遍。

在狗狗的语言里，弓腰意味着：“我很友好，我想和你玩儿。”抬起爪子（即“握手”）意味着：“我尊敬你比我级别高，我想和你做朋友。”

重复发出“过来”、“坐下”和“躺倒”的口令，直到狗狗可以正确完成任务为止。也要让各个宾客操练口令，直到每个客人都能让狗狗成功地过来、坐下以及躺倒，每成功做完三个动作便可奖赏一块狗粮。

如果狗狗常被客人如此亲手喂食，那么狗狗很快就会享受起和人相处的过程，会乐意亲近人，并在客人到来的时候主动坐好迎接大家。而且，通过此举，你也同时成功“训练”了家人和友人来帮你训练狗狗了。

在成功通过引诱和奖励训练狗狗完成过来、坐下和躺倒的动作之时，狗狗便已证明了自己对主人的忠实以及对主人要求的尊敬，无论它收到的是来自主人的要求、指导还是命令。完全没有必要通过强迫或者殴打的方式让狗狗屈服。

自愿服从

- 当狗狗开心主动地跑过来时，它一定是很亲近人类的。
- 狗狗靠近人时或坐或卧，就充分体现了狗狗喜欢大家。在训练中使用食物和小奖品是让狗狗喜欢上小孩子和陌生人最好的办法。
- 被很多人调教过应该怎样躺倒和翻滚的狗狗同时也学会了待人友好及服从命令。
- 最重要的是，狗狗通过听话地完成过来、坐下、躺倒以及翻滚等动作表达了自己对发布口令之人的尊敬。这一点在狗狗与孩子们相处时尤为重要。当孩子们用引诱和奖励的方式来训练狗狗时，它们会很乐意地服从。想让狗狗和孩子们友好相处，狗狗的主动服从是最有效、最安全，同时也是唯一的好办法。

孩子们

对于那些在幼犬时期未习惯和孩子们相处的成年犬来说，孩子们一些古怪和夸张的行为会吓到它们。甚至很多成年犬会惹上麻烦，因为孩子们爱逗它们追着它们打闹，这样会刺激到它们。

狗狗和孩子必须学习如何与对方相处，这是一件简单而有趣的事，让我们开始吧！

对于有孩子的狗狗主人来说，接下来的几个月则算是小小的挑战了。不过，这可是非常非常重要的，因为和孩子们相处的狗狗会养成异常健全的性格，一旦狗狗成年后，便不会轻易受到惊吓。然而，要是想让狗狗同孩子的关系更好，想培育出狗狗良好的性格和可靠的天性，做父母的必须同样教育好自己的孩子。教会孩子在有狗狗的场所应该如何表现，也要教会狗狗怎样在有小孩子的场所里活动。

没有孩子的狗狗主人面对的则是另一番挑战了。你现在就必须邀请一

即便是玩耍式的拥抱都会给未训练过的幼犬带来惊吓。甚至有些成年犬都受不了这类行为。

些孩子来家中跟狗狗见面！不过，除非你的“训孩术”之高明超过了训犬术，不然，一开始的时候还是少请一些孩子比较好。起先我们只邀请一个孩子过来。一个小孩是最好的了，来了两个也没关系。可若是三个孩子加上一只狗狗，那可是能够迅速产生出临界物质，释放出的能量是世上任何科研设备都无法测量的。不管怎样，我们努力在做的是教狗狗和孩子们学会保持镇静和有礼貌。

首先，仅限于邀请训练有素的小孩子。你要时时刻刻监护着孩子们。

绝对不要让孩子和狗狗在没有监护的情况下单独相处。

我重复一遍，你要时时刻刻监护着孩子们（之后在幼犬培训班上自会有许多训练有素的孩子，他们知道该怎么和狗狗相处，更知道该怎么训练它们）。

其次，把朋友或者亲戚的孩子们请到家里，因为狗狗成年后还是会经常或者偶尔地再见到这些孩子们。

经由适当的指引和时刻的监护，孩子们会成为很棒的小小训犬师。

再次，邀请邻居家的孩子们过来。要记住，那些隔着花园的篱笆去吓唬你家狗狗，惹得狗狗上窜下跳、乱咬乱叫的“小恶魔”不是别人，正是你邻居家的孩子们。当然，过后孩子们的父母，也就是你的那些邻居们会过来抱怨你家狗狗乱叫吓唬到自家孩子了。狗狗是很少会对它们认识的孩子们吠叫的，因此，你要为你的狗狗创造充分的机会，好让它认识并且喜欢上邻居家的孩子。同样的，小孩子也不大会去挑衅熟人养的狗狗。因此，你要给邻居家的孩子足够多的机会，好让他们喜欢上你和你的狗狗。

就像训犬时要用到狗粮来做小奖品一样，你也要给孩子们一些比如冷冻脱水的动物内脏之类的小美味来引诱狗狗完成训练的任务。这样一来，狗狗很快就会喜欢上孩子们的存在以及孩子们的礼物了。

在头一个星期里，要确保狗狗和孩子的接触是得到谨慎管制的。还有，狗狗派对一定要布置得够喜庆够热闹。可以用气球、纸彩带和音响设备来

应召而来，听令而坐，狗狗表现出对训练者——一个小孩子的自觉服从以及敬意。

布置舞台，给狗狗准备点心当作额外礼物，再为孩子们准备好小喇叭。

狗狗在幼犬时期就应该见识过孩子们的噪音和破坏力。如果你的狗狗在长大后才第一次见到在公园里尖叫奔跑的孩子，那么它很有可能冲过去追着孩子跑，那你可就麻烦了。不过，如果狗狗从小就参加各种派对，习惯了大人、孩子的笑声、尖叫声、蹦蹦跳跳的动作和一不留神跌倒在地的小意外——小孩子容易摔跤，那么在那之后，不管遇到什么事狗狗都不会觉得惊奇了。

狗狗派对游戏

派对上最适宜的游戏当属“轮流唤狗狗”和“狗狗俯卧撑”了。让孩子们围坐成一个大圈，由第一个孩子唤来狗狗，让狗狗连续卧下和坐起三次，再把它交给下一个孩子：“罗福，到杰米那儿去。”然后杰米把狗狗唤过去，再让狗狗做三个俯卧撑，依此类推。这种卧下和坐起的练习可以很好地锻炼狗狗对召唤的迅速反应以及快速完成指令的能力。

在接下来的派对时间里，“平衡小饼干”和“装死的狗狗”都是很不

卡拉汉学会了“砰！”——“卧倒不动”的指令。

错的游戏。每个孩子都会得到夸奖和小奖品，不过只有那些能训练狗狗拿鼻子顶狗粮饼干顶得时间最长的——也就是“静坐”时间最长的孩子才能得到特别嘉奖。能让狗狗“静卧”时间最长的孩子也一样能够得到奖励。

经验之谈，在狗狗长到三个月大之前，它应当至少被二十名孩子接触及训练（召唤、坐下、卧倒以及打滚）。

像小孩一样爱玩的道格在教史库特用脑袋顶着牛奶狗饼干保持平衡，史库特学着“静坐”，边玩边学，乐趣无穷。

男士们

比起女性来，成年犬往往更惧怕男性。因此，要尽可能多地邀请男士来家中接触和安抚狗狗。

如果家中没有男性居住的话，那么邀请男士来家中见狗狗是很有必要的。教会所有男性来客如何亲手给狗狗喂食，好引诱和奖励狗狗听话地走过来、坐下、卧倒和打滚。给每个男性客人的狗粮袋里多加一些小美味，这样一来狗狗就会喜欢上男士们。

陌生人

年幼的狗狗往往会接受并忍耐所有的人，然而，除非是经过调教，长大以及成年后的狗狗通常都会对不熟悉的人有一种天生的警觉性。在狗狗三个月大之前让狗狗见过一百个不同的人有助于狗狗成年后能够更好地接受陌生人。为了能够保持对陌生人的接纳性，你的狗狗需要时不时地和陌生人见面。总是让它见一样的人是于事无补的，成年犬每天都应见到不同的人。要不你就在家招呼新客人，要不就定期带狗狗出去散步。

坐好打招呼

尽早培养出狗狗坐下来迎接人们的习惯。要保证每个家人、访客和陌生人在向狗狗问好、夸奖、爱抚狗狗、给狗狗喂食做奖励之前，狗狗都是坐好的。这样子，狗狗很快就能够学会在人们靠近之前就自觉坐下来。在迎接人们和接受夸奖与食物时，乖乖地坐好要比蹦低蹿高好得多。而且对于狗狗来说，乖乖坐好等着人们给予注意、爱抚和小奖品可比因为乱蹦乱跳而遭到惩罚要好得多了。

警告

如果你的狗狗靠近客人的时候有些不情不愿，或者压根不去接近客人的话，你就必须立刻采取措施了。很有可能是因为你家狗狗害羞了，不过更可能是因为狗狗的社交能力不够。一只二到三月龄的狗狗不乐意亲近人类是很反常的事情。你须在一周内解决这个问题，要不然事情会越变越糟糕。你若是放任不管，随着时间的流逝，将来无论怎样进行治愈式的社会化训练也都只是于事无补。请勿以“它需要一些时间才能对陌生人示好”这样的理由来无视狗狗的惊惧。要是它现在就不能立刻对陌生人示好的话，那么它成年后对陌生人更有可能表现出的是惧怕和排斥。一只成年犬还会害怕和陌生人相处，这对狗狗也是不公平的。请你立刻行动起来，帮助你的狗狗。

解决方法简单而犀利，往往一周即可见效。那就是连续七天，每天邀请六名以上的朋友来亲手给狗狗喂食。在这一周里，别让狗狗从自家人和自己的狗食盆那儿吃到狗粮就可以了。要是狗狗只能从客人手里吃到狗粮的话，这一招就更加奏效。一旦狗狗可以开心地接受客人喂的狗粮，接下来客人就可以拿狗粮做诱饵，要求狗狗走过来、坐下和卧倒。你的客人也会很快成为狗狗的新朋友的。

重要法则

个人的影响力不可小觑，哪怕只是一个人，他都可能给狗狗带来或积极或消极的严重影响。除非大家保证自己有能力让狗狗乐颠颠地自愿跑过来、迅速地坐好和安静地卧倒，要不，别让任何人（谁都不行）与你的狗狗接触和玩耍。

没有经过训练的访客，比如小孩子和成年男性亲友，他们都是有名的

“摧犬辣手”，能够在很短的时间内毁掉一只狗狗的好教养。要是客人不管不顾地就把狗狗关起来，就请客人离开。

戏弄和打闹

有些人喜欢用粗鲁的动作戏弄甚至欺负狗狗。狗狗有可能会觉得这种行为有趣好玩儿，也有可能会觉得不快而受到惊吓。

善意的戏弄对人狗双方都是其乐无穷的，要是做得得当的话，这种戏弄还可以增强狗狗的自信心，慢慢地使狗狗对人类的古怪举动——尤其是男士和小孩子的不再敏感。相反，无休无止的戏弄只会让狗狗感到沮丧，给狗狗带来伤害。恶意的戏弄不算戏弄，而是虐待。

可以暂时把狗狗的玩具或小零食给扣下来，抱住狗狗，圈住它不让它动弹，然后发出些奇怪的声响或者做个小鬼脸、做些不太夸张的动作，之后再夸奖狗狗一番，给它一些好吃的。拿食物做奖励可以让狗狗接受鬼脸和怪动作，从而帮助它更快地树立起信心。几次重复后，就可以做一些更吓人的鬼脸和动作，然后再给狗狗奖励。很快你的狗狗就可以从容面对人类的各种行为举止了。如果狗狗拒绝了食品奖励的话，那就是你做得太过了。因此，暂时停下你那些傻呵呵的举动，直到在不会吓唬到狗狗的情况下亲手喂狗狗吃下半打狗粮为止。

狗狗必须接受训练——要学会享受人类的戏弄。要不然，对未经过训练的狗狗来说，没什么比被一个孩子追着自己到处跑的事情还要可怕的了。然而，若是经过训练的狗狗，在餐厅里被学着怪兽走路的主人绕着桌子撵反而会是世界上最开心的事。一旦狗狗知道了这种行为是没有恐吓性质的，它们就会喜欢这种你追我赶的小游戏。

恶意的戏弄就是把自己的快乐建立在狗狗的痛苦上，这是十分残忍和愚蠢的。毫无疑问，让狗狗觉得不舒服或是吓到狗狗可不是件有趣的事情。

你会让狗狗不再信任人类，让它在成年之后对人类有着抵触心理，这都是你的错。可悲的是苦果却是由狗狗来尝，而不是你。所以，请千万别让这样的事情发生。

有个很简单的测试，一测即可知狗狗对戏弄的态度：中止游戏，退后几步，唤狗狗过来坐好。如果狗狗欢天喜地地摇着尾巴跑过来，坐下来的时候头仰得高高的，那么它对这个游戏的兴趣跟你一样浓。如果狗狗身体颤抖，头尾低垂，舌头的舔舐动作过多，被要求坐下来的时候不是相应地坐下，而是躺倒或打滚，那么就说明你玩得有些过火，狗狗不再信任你了。停止游戏，再退几步，拿一块狗粮诱它过来坐好。如此重复几次，好让狗

打闹有可能会吓到狗狗，佯装打斗是造成狗狗失控的常见原因。但是打闹也能够有效帮助狗狗控制啃咬行为。训练时要时不时地停下来，安抚并夸奖狗狗，让它确信这是正确的行为。一旦狗狗的利齿伤到你了，一定要立刻喊停。无视狗狗三十秒左右，然后再唤它过来坐下并躺倒，之后再继续游戏。要经常暂停一下，保证你能够控制住狗狗，时不时地让它停止玩耍，去坐好、卧倒并保持冷静。

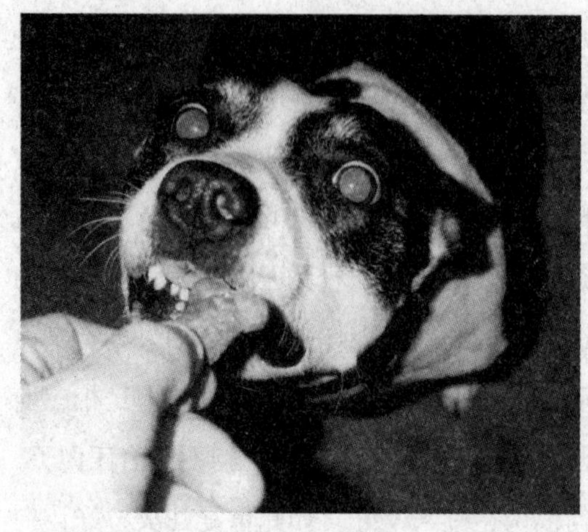

狗重拾信心。如果狗狗反应很慢，或者压根儿不理睬你，那么说明它很反感你和你的“邪恶游戏”。立刻停止游戏吧。好好照一照镜子，反省一下自己刚才的举动，然后再回去跟狗狗和好。丢一些狗粮给它，直到狗狗重拾信心，能够连续三次愉快地跑来坐好。

因为戏弄游戏也是一把双刃剑，你必须定时重复检查狗狗是不是玩得愉快。在开始游戏前，确保狗狗能够听话地过来坐好，每隔十五秒就停止游戏，看它是不是还能这样听话。这绝对是一项明智的预防措施，可以随时检查狗狗是否还在你的控制之下，即便它很兴奋，玩得正在兴头上。

同样的，在允许亲友同狗狗逗乐之前，你要让他们保证他们一样可以成功命令狗狗起、坐、卧倒和打滚。这种简单有效的预防措施人人都应掌握。

如果能够巧妙运用的话，这类打闹游戏可以成为很好的训练，能让狗狗控制啃咬行为，对于训练成年犬的服从意识也是很不错的练习。为了使训练更加有效，同时也避免狗狗在训练中失控，要进行这类游戏，就必须严格遵守规则，而这其中最重要的一点就是，作为主人的你要能掌控住局面。也就是说，无论游戏进展到什么地步，你都可以仅凭简单的口令就让狗狗停止游戏，立刻卧倒。如果你还不具备这个水平，就别戏弄你的狗狗了。不过话说回来，要是你想和狗狗做一些运动类的游戏的话，我建议你先看一下我写的：《预防攻击性行为》（詹姆斯和肯尼斯出版社出版）手册。

亲手喂食

1. 亲手喂食，让你的狗狗喜欢上吃狗粮。这样狗粮就可以在训犬时用来当作奖励和诱饵，尤其适合小孩子、男士和陌生人来使用。

2. 亲手喂食可以让狗狗喜欢上训练和训犬师，尤其是当对方是小孩子、男士和陌生人的时候。

3. 教会狗狗“松口”和“拿去”，可以防止狗狗过于护食。

4. 教会狗狗“轻轻地叼走食物”，对培养狗狗能控制咬人力度和咬人欲望的好习惯至关重要。

5. 亲手喂食可以让你自主选择合适的时候来教狗狗怎样控制啃咬力度，这比等到狗狗想要咬人玩儿而打扰到你的时候再去管教要好得多。

2. 操控和安抚

爱着一只你不能触摸和拥抱的狗狗并和它住在一起，就像爱着一个你不能拥抱的人并同那人住在一起一样傻气。这种事还具有潜在的危险性。尽管这道理大家都知道，兽医和宠物美容师还是会告诉你这类不让人触碰的狗狗是非常之多的。实际上很多狗狗在被陌生人限制活动或检查身体的时候都是非常紧张的。拥抱一只狗狗和禁锢住狗狗的肢体不让它活动，这两者看上去其实没什么区别。操控狗狗的肢体和检查身体也很相似。这几项活动之间的区别在于狗狗自己的感受。一般来说，当对方是朋友的时候，狗狗会觉得自己是在被拥抱，要是换做陌生人，就变成了限制活动和检查身体了。

兽医和宠物美容师只有在狗狗保持放松的情况下才能进行工作。既胆怯又有抵触情绪的成年犬以及只知道浑身颤抖的幼年犬只有在被控制住四肢、接受镇定剂或者麻醉药的情况下才能让检查程序、清洁牙齿以及清理毛皮的

养一只不喜欢被抱着的狗狗有什么意义？

工作有序进行。被束缚住肢体会让狗狗深感恐惧。未经过训练的狗狗很有可能要被麻醉，而这种预防措施会花费兽医过多的时间，也就意味着主人需要支付更多的费用，太不值得了。成年人在去看病、看牙医和去理发的时候难道还得被麻醉吗？当然不了。成年犬也一样，只要它能做到见人不怯，不反感人类的抚摸，那就完全没必要接受麻醉。

放任宠物犬长成一只怯于与人相处、害怕被人触摸的狗狗对它来说也是不公平的。让一只游离于社会之外的动物处在人类世界里是一件残酷的事情，况且你还不曾教过它享受人类的陪伴和接触。可怜的狗狗被判了刑，惩罚就是它要一辈子接受精神上的摧残，这比什么样的虐待来得都要残忍。

狗狗只是学会了忍受被人操控肢体还远远不够，它还需要学会接受陌生人的摆弄。一只不能够完全接受陌生人的摆弄和身体检查的狗狗就像是一枚随时会爆炸的炸弹。某一天一个比较陌生的小孩子想要抱抱你的狗狗，它也许会拒绝，会做出反应，那么，这个小孩和你以及你的狗狗就会有大问题了。

狗狗应该由熟悉的人摆弄给不熟悉的人看，成年人摆弄给孩子们看，女士摆弄给男士看，女孩子摆弄给男孩子看。与社交化训练同时进行的是家庭成员中的成年人对狗狗的协助，好让它适应人类的拥抱和对它肢体的限制，狗狗很快就会学会这种拥抱和安抚的游戏（游戏中不可以有陌生人和小孩子的参与）。教会幼犬享受来自人类的拥抱和操控是件既简单又有趣的事。然而要想教会成年犬和青年犬接受人类的拥抱（尤其是来自陌生人的拥抱）却是件耗时耗力又有潜在危险性的事。因此，事不宜迟，立刻行动起来吧。

拥抱／限制活动

这是一项挺有趣的活动：你要去拥抱你的狗狗。实际上你的家人和所有的客人都要抱抱狗狗。和狗狗一起放松是件其乐无穷的事情，尤其是你的狗狗也处于放松的情况下。如果狗狗没有放松，你就得教会狗狗放松下来，保持镇静，让你好好地抱一抱。

在开始进行特别操控训练之前，要确保狗狗是非常放松地躺在你的膝头上的。如果狗狗信任你，有足够的信心，它就会像一只洋娃娃那样任你摆布了。

假设你的狗狗在断奶之前就经常被抱，尤其是初生的狗狗，八周大，每当被抱起来的时候都软得像根面条，那么你最好还是把它像抱洋娃娃一样轻轻地放在你的膝头上。即使狗狗之前没有接受过足够的早期肢体操控，在它八周大的时候，想教会它这些还是很简单的。不过要教得趁早，因为在短短的十二周过后，幼犬便会长成青年犬，等到那个时候再去训练情况可就大不相同了。未经过训练的青年犬是很难被操控的。

抱起狗狗放到自己的膝头上，用一只手护住它的脖颈以防它挣脱。缓慢地重复抚摸狗狗头顶的动作，好让它能够找到一个舒服的姿势趴下来。如果你的狗狗躁动不安，你可以轻抚它的胸脯和耳根。等到狗狗完全放松下来的时候，抱起狗狗让它四肢朝天地躺下，温柔地抚摸它的肚子。用手掌轻柔地划着圈按摩它的肚皮，轻轻地抚摸狗狗的腹股沟（即大腿与腹部的连接处）也可以让狗狗放松下来。在狗狗放松和平静的时候，时不时地抱住它一小会儿，再逐渐增加拥抱的时间（要有节制，可不能一下子就抱住不松手）。过一会儿就可以把狗狗交给另一个人，再重复上述的动作。

快速让狗狗平静下来

除了延长按摩和拥抱狗狗的时间，你还需了解自己能够在多短的时间内让狗狗平静下来。时不时地让狗狗安静下来并温柔地束缚住它，不让它自由活动。如果狗狗可以在你的膝头上很快镇定下来，那么你就可以试着把它放到地板上，看看它在地板上是不是也一样可以老老实实的。

愤怒

如果你的狗狗挣扎得很强烈，甚至勃然大怒，你也一定不能放它走。否则狗狗就知道了，只要它奋力挣扎或是发脾气就可以为所欲为，就可以不被人束缚住身体不给动弹了，因为主人总是会让步。这可不是好事情！你可以一只手放在狗狗的脖颈上，另一只手的手掌温柔而有力地把狗狗的背部贴在你的肚子上。抱住狗狗，让它四只爪子朝外伸着，位置要足够低，这样它不至于扭头就能咬到你的脸部。抱紧狗狗，直到它老实下来。最终它一定会老实的。继续用指尖按摩它的耳朵，另一只手则按摩它的胸部。在狗狗安静下来不再挣扎的时候要及时夸奖它，冷静几秒之后再放它走。重复上述步骤。

如果经过了一天的训练，狗狗还是不能够冷静并愉快地接受（有节制的）拥抱的话，你应该立刻请一位训犬师来到家中。这是紧急情况，你可不希望和一只不接受操控或拥抱的狗狗住在一起吧。可以致电宠物犬训练师协会以联系到当地的训犬师。

阿尔法翻滚

正如前文（43 页）所述，如果你在它背上粗暴地施加压力，狗狗便不会信任和尊重你，只会变得更加地抵抗。你的狗狗很快会变得不再喜欢任何被抱的行为，因为它会把所有类似行为都视作强制性限制活动。因此，在进行上述活动的时候，一定要有耐心、有爱心。

操控 / 检查身体

教会八周大的狗狗接受肢体操控和身体检查是一件很必要也很简单的事情。不仅狗狗的兽医、训练师和美容师会永远感激你，这对你和狗狗都是有益的。一只合格的宠物犬是不应该害怕被操控肢体和检查身体的。

许多狗狗都有不少“敏感地带”，如果在幼犬时期没有进行脱敏训练，那以后它是很难允许人触碰的。一只幼犬时期未经过脱敏训练的成年犬在被碰到耳朵、爪子、嘴巴、脖颈和臀部的时候往往会有抵抗的反应。同样

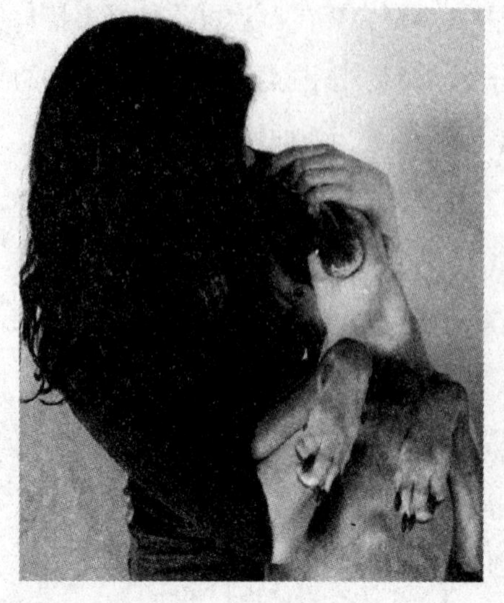

的，如果是幼犬时期未学过眼神接触的成年犬，它在你盯着它眼睛看的时候也会感到害怕和抗拒。

如果你总是忽视某些部位，那么久而久之，它们就会成为敏感部位，这只是因为长久无人触碰该区域而造成的。举例来说，很少有饲主会去检查狗狗的臀部，或者掰开它的嘴巴检查牙齿。有些部位生来就很敏感，即使是幼犬也会作出反应。比如，几乎所有的狗狗都会在你抓着它的腿或爪子不放的时候去咬你的手。还有一些部位沦落到“敏感地带”是因为主人养犬方式出了错，或者是摆弄狗狗的方法不对。有着下垂耳朵的狗狗往往容易感染上耳部疾病，在治疗的过程中会感到疼痛。同样的，许多成年犬也有着被瞪或者是被抓着脖颈的这类不愉快的回忆。狗狗会因此而很快变得害怕人类的手的接触——当它被揪着脖子往笼子里塞的时候，当它被按着脑袋套上

确保你在检查狗狗的耳朵、嘴巴、牙齿和爪子的时候狗狗是完全轻松自在的。你可以在检查每个特殊部位的时候亲手喂给它大量狗粮。

皮圈的时候（其实本来可以是一次愉快的公园散步来着），当它因为犯了错而被揪着脖颈挨罚的时候。

操控狗狗的四肢和身体检查可以有效帮助狗狗降低敏感区域的敏感度，让狗狗接受操控的时候态度更加积极。给小狗脱敏并且告诉它，人类的爱抚和操控其实是很舒服的，做到这点并不困难，只要你在训练过程中加入亲手喂食的环节。明明是这么简单的事情，令人惊讶的是居然还会有那么多难以被人操控的成年犬。

把狗狗每天的定量狗粮当作训练时的小奖品。用手固定住狗狗的脖颈并给它狗粮奖励；盯着它的眼睛并给狗粮做奖励；检查一只耳朵给一份奖励，检查另一只就再给另一份奖励；握住它的一只爪子并给狗粮奖励，另外三只也不要放过；掰开它的嘴巴并给予狗粮奖励；触碰它的臀部和私处并给予狗粮奖励。然后重复该流程。在重复的过程中，可以循序渐进地延

请记住你的狗狗有两只耳朵、四只爪子！如果主人一直以来只操控或者检查狗狗的一只耳朵（通常人们习惯拿右手玩弄狗狗的左耳朵）和前爪的话，兽医和宠物美容师在给狗狗检查到另一只耳朵或是后爪的话可就会被吓一大跳啦！

长时间以及检查的彻底程度。

一旦你的狗狗可以很愉快地接受家人对其肢体的操控和检查，你就可以尝试着跟客人们玩一玩“传狗狗”的游戏了。一次一个人，让客人们依次给狗狗小奖品并且固定住它的脖颈，凝视它的眼睛，抚摸并检查它的耳朵、爪子、牙齿和尾巴尖儿，最后再给它一份狗粮做奖励，接着把狗狗连同装狗粮的袋子一起传给下一个人。

很少有人会刻意伤害或者吓唬狗狗，但是意外却是难免的。比如说，客人有可能会不小心踩到狗狗的爪子，主人在够狗狗脖子的时候不小心揪着它的毛。不过只要狗狗觉得有安全感，它就不大可能做出过激反应。

关于惩罚狗狗的两个不争的事实

1. 惩罚狗狗其实就是在惩罚你自己，是你不负责任，没有教育好自己的狗狗。

2. 绝大部分情况下，狗狗往往会把惩罚和训犬师以及训练联系在一起，因此对训犬师和训练产生反感。

惩罚

狗狗会对人类产生警觉反应往往有两大原因：一是它本身缺乏社交训练，二是它受到的惩罚过度频繁和严厉。警觉的狗狗会远离人类，这时候，要是有人想要接近它去控制或者去安抚它的话，那问题就来了。

很少有人会去故意找狗狗麻烦，不过有一点除外——惩罚狗狗。惩罚从词义上来说就是令人不愉快的，尤其是在惩罚带来的不快过于频繁、时间也过长的情况下。可悲的是，有许多思想跟不上时代潮流的训犬师，还有那些被过气的养狗指南所误导的宠物犬主人，他们倾向于在未经过训练的狗狗犯错的时候给予惩罚，可是它们根本不知道自己犯的是什么错。首先你得教给狗狗家里的规矩，告诉它你希望它做些什么。这样，狗狗才有可能学会如何做那些你希望它去做的事。有许多狗狗之所以会讨厌被拥抱并进而讨厌抱它们的人，很大一部分原因就在于它们得到的惩罚太频繁也太过激了。

对狗狗频繁的惩罚就预示着你的训犬观出错了。狗狗依旧会常常犯错、常常被惩罚。训练还是不起作用，是时候启用 B 计划了。比起一味惩罚狗狗以前犯的错，你应该更加重视如何教会狗狗在未来应该怎样表现。要记住，适时表扬做对了事（也就是你希望狗狗应有的做法）的狗狗要更加有效，而不是在它做错事的时候去惩罚它。

反复的惩罚是能够瓦解主宠亲密关系的一把利剑。起先，你把皮圈解开之后会发现狗狗不会再急切地朝你奔来，而是有些不情愿地往你的方向挪。那是因为，它不再想要亲近你了。最终它会在和人的接触中变得警觉和焦虑。养狗狗的全部意义就在于它能陪伴主人。你当然不想和一只不需要你陪伴的狗狗住在一起。如果你已经开始频繁地责骂、惩罚狗狗了的话，还是去向训犬师请求帮助吧。

激烈的惩罚意味着训练的失败，狗狗依旧会做错事，而加大惩罚的力度是希望这样惩罚会更有效。要是惩罚管用的话，狗狗就不会再犯同样的错了。要是在狠狠地惩罚过狗狗之后它还是会犯错，那么就应该在训练项目中找找问题，而非只是一味地加强惩罚的力度。

激烈的惩罚是没有必要的，副作用很大，它制造出来的问题比解决掉的问题还要多。即便惩罚措施的确有效地消除了狗狗的一个错误行为，但同时它也毁掉了主宠之间的关系。比方说，狗狗在受到惩罚后就不再会乱跳了，但是如今它再也不喜欢你了，也再不想要亲近你了，因为它记得上次在它跳起来迎接你的时候你是怎样一脸厌烦地对待它的。你打赢了战争却输了人心。你的狗狗是不再乱跳了，但你同时也永远地失去了一个最好的朋友。可悲的是训练变得充满敌意和不快。人为什么要像对待仇敌一样对待自己的狗狗呢？

如果你一旦感觉有必要采取严厉的惩罚的时候，请立刻向专业人士寻求帮助。他们可以采取一些更有效、更有利于狗狗接受的方式。最成功的冠军犬、运动犬、搜救犬、警犬、导盲犬、助残犬、服务犬以及保镖犬都是以这种基于奖励的方式训练出来的，而非严厉的惩罚。难道我们不应该也效仿此法来训练我们的宠物犬吗？

当奖励型训练法被有效地利用起来的时候，惩罚措施就变得可有可无了。然而，缺乏经验的训犬师总觉得对于刚刚开始训练的狗狗来说，频繁的惩罚措施是很有必要的。就算你需要惩罚狗狗，也没必要抓住它、瞪着它、狠摇它、冲它大叫、吓唬它、伤害它。

狗狗在常规训练中犯错的时候，指导性的训斥往往更有效。比如一些口令："出去"、"咀嚼磨牙玩具"、"坐下"、"稳住"或"加速"等。语音的升高和语调的变化足以表达出训练师的心情，这样一来狗狗也就会知道它应该走回到正轨上去了。

即便是更加严重的违规行为，你也没必要严厉地惩罚狗狗。事实上，如果你一直以来对它采用的是边玩边教、基于奖励体系上的训练方式，那么，最严厉的惩罚措施就是，短暂地将狗狗"隔离"起来，不再进行训练游戏，不再有小奖励，更不再有"你"的陪伴。平静地让你的狗狗出去："罗福，出去！"对狗狗的驱逐持续一两分钟就可以了。要坚持让狗狗来道歉，并且要它用任务式的接近、坐下和卧倒来弥补自己的过错。当驱逐狗狗成为你最好的惩罚手段的时候，那么，你就已经获得了训犬术之圣杯。

在驱逐狗狗的时候，若是你能配合上摇晃狗粮罐子的动作的话，那效果会更好。当我的一只狗狗犯了错而被惩罚驱逐的时候，我就故意去逗其他的狗狗，故意拿出它的狗粮："奥瑟，你真是一只乖狗狗！你干吗不吃点坏狗狗菲尼的狗粮呢？"这招在我家非常有用。有一次，我因为菲尼克斯不理睬我而生气地驱逐了它，并且在它被隔离出客厅的时候装作在吃它的狗粮的样子："嗯，菲尼的狗粮真是好好吃！"当我再把它放进客厅里的时候，它趴下来，目不转睛地盯着我看，盯了足足半个小时。

驱逐狗狗的时候要用温和的语调下命令，指着门的时候要把感情表露出来，这样可以帮助你控制自己愤怒的情绪。刚开始一两次，你或许需要在门后撵狗狗走，但是它会很快学会听到你的指令就迅速离开。而且，经过几次驱逐之后，你的听起来温柔甜蜜的“出去”指令会成为训练时的惩罚，这对狗狗的行为表现上有着立竿见影的好效果。在这个训练阶段，“出去”口令就成为了非常有效的警告语。在你温柔地发出命令时要注意狗狗的反应：“罗福，你是愿意集中注意力还是愿意出去呢？”大多数情况下狗狗会立刻站起来，如果是这样，让狗狗安静地卧下来待在你身边；如果不是，就用最温柔最甜蜜的语气对狗狗说“出去”，并且用手指着门。

被驱逐的时候，大部分狗狗总会出去得不情不愿，还会赖在门口眼巴巴地看着里面。不过对于啥也不懂的幼犬，你最好还是在它犯错的时候走开，把它自己留在那儿。如果是这种情况，最好在狗窝附近训练幼犬，这样一来就算是要隔离狗狗，也不会让它有机会再犯什么大错。给它一两分钟的隔离就足够了，接着你就回到狗窝那儿，让它听从指令接近、坐下和卧倒，以此让它做出补偿，表现出对主人的尊敬。

抓狗秘诀

有 20% 的狗类咬伤人事件是发生在家人抓狗狗的脊背和脖颈的时候。发现这点并不需要你有航天专家的智商，很显然，当狗狗被人抓住脖颈的时候，它就会知道这准没好事。因此狗狗会变得害怕人类的触摸，跟你玩起躲猫猫或者做出防御的反应来。要是狗狗在你去够它的脖颈的时候会闪躲，那么潜在的危险因素就已经存在了。比如说，你得知道要是你的狗狗突然往门口那儿冲的话，你是不是能够抓得住它。

所以，你得教会它容忍人类揪着自己的脖颈的这个动作。首先，不能让狗狗把人类的手跟不好的事情联系起来。其次，让狗狗知道被抱着脖颈说不定是件好事情。

1. 如果你让狗狗随心所欲地玩耍，然后突然通过拖住它的脖子来停止它的游戏时间，久而久之它当然会讨厌被抓住脖子，因为这种行为就是游戏时间的中止信号。可以先从家里开始，之后再去公园，在狗狗玩耍的时候频频通过拽住它的脖子的方式让它中止游戏，唤它坐下来，给它狗粮做奖励再让它继续回去玩耍。狗狗很快就会知道被拽住脖子并不意味着要停止游戏。相反的，主人拖住自己的脖子是要自己休息一下，吃些东西，夸自己几句接着再去玩。而且，恢复狗狗的游戏时间也可以作为给狗狗能够乖乖坐下、允许你拽它脖颈的奖励。
2. 如果你在把狗狗关起来、引它进到笼子里的时候是通过拽它脖子的方式，那么狗狗自然会讨厌被拽住脖子的感觉，讨厌被关起来。相反的，我们可以教会狗狗，让它喜欢独自待在圈里的感觉。在狗狗的圈里放一些塞了狗粮的空心咀嚼玩具，然后关上圈门，让狗狗在圈外待着，很快狗狗就会求着你放它进去了。现在只要简单地命令狗狗“到你的床上去或回你的圈子里去”，或者是“到你的游戏室去”，并且把门打开。狗狗肯定会欢快地冲进去，老老实实地和玩具们待在一起了。
3. 最重要的是，向狗狗保证你一定不会（是的，“一定不会”）把它唤来然后拽着它脖子来教训它。只要你这么干过一次，它就会反感被你呼唤，讨厌被你触碰到脖子。如果你在狗狗接近你之后惩罚它，那么它下次接近你的时候就要花费更久一点的时间了。久而久之，迟钝的应答就会变成再无应答了。你的狗狗依旧会做错事，唯一不同的是，现在的你再也抓不住它了！一旦你揪着狗狗的脖子惩罚过它，狗狗很快就会变得害怕人类的接触、躲避人类并且充满防御性。

为了防止狗狗抵制人类的触摸，你可以抱住它的脖子给它狗粮做奖励。

在同一天里重复数次上述动作，有节奏地加快拽狗狗脖颈时的速度。狗狗会很快培养起来对抓脖颈事件的积极联想，甚至有可能抱有期待心理。

如果狗狗已经对人类的触摸有些抵抗了的话，要记住，千万别再去抓它的脖颈了。不过你可以多去碰触那些狗狗并不介意被触摸到的部位，事实上它会很享受被抚摸的感觉，慢慢地再去往脖颈部位移动。还是用狗粮“勾引”它，首先给它点甜头，让它知道游戏开始了。“还算不错嘛！”狗狗会这样想。接下来摸摸它的尾巴尖儿，并迅速给它一块狗粮。这有问题吗？“没问题！”狗狗如是想。要是摸它的尾巴尖儿都没问题的话，那么再往下摸一英寸也是没问题的。再给狗狗一点奖励，接下来是两英寸、三英寸，以此类推。每重复一次，就往狗狗的脖颈部位接近一点。这样一来，总有一天你可以不用惊到狗狗就能抱住狗狗的脖颈。初次试着触摸狗狗脖颈的时候，可以拿一些冷冻脱水的动物肝脏做“贿赂”。

循序渐进地对狗狗进行脱敏，关键就是要慢慢来。一旦你发现狗狗有一些害怕或是不自在，就立刻回到第一步重新开始——也就是尾巴尖儿——记住，这一次要慢慢来。

“我毁掉了狗狗的成果”以及其他不对狗狗进行社会化训练的常见借口

“它跟我在一起就够了。”

棒极了！当然，狗狗社会化训练的第一步就是要让它能够和家人友好地相处。然而，要让狗狗能够和友人、邻居、访客和陌生人也友好相处，这样，在它接受兽医的检查或是被小孩子抱起来玩耍的时候才不会做出抵抗动作。

“我们是个大家庭，我们家的狗狗接受了很好的社会化训练。”

那可不一定！为了让狗狗在成年之后能够接受得了陌生人，它还是幼犬的时候就需要每天见上至少三位不熟悉的人，而不是日复一日地见那些熟面孔。

“我没朋友协助我对狗狗的社会化训练。”

那么，很快你就会有朋友了。对狗狗的社会化训练也会很好地改善你的社交生活。把邻居和同事都请到家里来看看狗狗，或找一找小区附近的幼犬训练班，从那儿邀请一些宠物犬主人过来。他们都会非常乐意帮助你解决你在未来有可能遇到的问题。

如果你不能够邀请人到家里来见狗狗，那么你可以把它带到安全的地方去让它见人。记住，在它三个月大、已经接种了疫苗之前，不要把它放到公共场合的地面上，以防它被一些未接受过防疫措施的成年犬感染上疾病。买一个舒适的便携式宠物笼，在你出去办事的时候也带上狗狗，比如在你去银行，去书店和五金店的时候。看看能不能把狗狗带去上班。接下来可以带狗狗去上幼犬培训班，去狗狗公园，在小区附近的地方散散步。不管怎样，它需要立刻见到很多人，你可不要“金屋藏犬”。

“我不想让我的狗狗吃陌生人给的东西。”

也许你是在担心陌生人会对狗狗下毒。依照惯例，那些受害的狗狗一般都是被独自留在后院而不是安全的室内、或者在街上乱逛没有主人陪伴的疑似流浪狗。不过，你并不会让讨厌狗狗的人来接触你的狗狗，能接触到狗狗的人都是经过你“精挑细选”的家人、邻居和朋友们。不过不管怎样，所有狗狗都应该知道，在没有听到主人说出“罗福，去吃吧”之类的话语时，它是不可以碰触或是接受陌生人手上的任何物品（包括食物）的。

学到这些基础知识之后，狗狗就只会接受那些知道它名字或者能够负起责任的人——也就是家人和朋友所给予的食物了。

“我不想让狗狗喜欢陌生人，我想要它保护我。”

试着和兽医或者和孩子朋友的家长交流一下想法。不过如果你是想让狗狗具备保护你的本领的话，那可是另一件事了。当然你可不能把保护你的事情交给一只缺乏社交能力的狗狗，由它来决定应该保护谁，抵抗谁以及用什么方式去保护人。所有的防身用犬都是首先要接受完善的社会化训练的，让它们能够有充分的信心，再细心教授它们应该在何时以及怎样去保护哪个人。

训练狗狗听从命令去吠叫和咆哮是一种更加有效的防身措施。你的狗狗也许要学会在某些特定场合叫出声来：比如有人进入了主人的领地或是碰了主人的车子。警觉的狗狗可以很好地看家护院，尤其是它们不会在行人只是路过家宅和私家车的时候乱叫一气。

“我没那时间。”

那就把狗狗托给某个有时间的人！要是有人愿意花时间训练它，那狗狗还是有救的。

“我需要确立自己的权威，让狗狗尊敬我。”

完全没那必要。或者说，暂时没那必要。如果你施加外在压力，强迫狗狗尊重你，那是不可能成功的事。它也许会服从你的命令——勉强又胆怯地，但是它并不会尊重你。更有可能的是，你的狗狗会变得越来越讨厌你。

此外还是有不少简单可行又很有趣味的方法来培养狗狗对你的尊重的。我记得数年前在我的幼犬培训班里，有一对年轻夫妇，家里有一个四岁的女儿，叫做克莉丝汀，还养了一只叫做潘泽尔的罗特威尔犬。在班里，克莉丝汀训起狗来比她的父母要强得多，她总是能够成功地唤潘泽尔起、坐、卧倒和打滚。潘泽尔侧卧着的时候克莉丝汀会去摸它的肚皮，而潘泽尔就会把后腿抬起来露出肚皮给她摸。克莉丝汀对潘泽尔说话的时候嗓子尖尖的，潘泽尔也吱吱地叫着回应着。可以说克莉丝汀是提出了什么要求而潘泽尔则表示了同意。或者说，克莉丝汀下了命令，潘泽尔则服从了指挥。更重要的是，在服从的过程中，潘泽尔是愉快而自愿的。在让孩子训犬的情况下，只有狗狗自愿的服从才是安全并有意义的服从。

那么，是克莉丝汀在支配着潘泽尔吗？当然是了！不过是以一种比单纯的暴力强迫要更加有效的方式。克莉丝汀作为一个小孩子，她控制潘泽尔的行为靠的是大脑，而不是肌肉，克莉丝汀是在精神上控制着潘泽尔。

克莉丝汀的训练让潘泽尔产生了敬意和友情，它才会尊重克莉丝汀的意愿。同样的，潘泽尔一被解下皮带就会跑到克莉丝汀身边，足以说明它很喜欢她。通过静坐和卧倒，潘泽尔表现出了它对克莉丝汀的喜欢以及想要待在她身边的意愿。通过打滚，潘泽尔表现出了它当时心态的平和。而把腿抬起来暴露出私密部位，它则表现出了自己的顺从。在犬类的语言中，暴露出私密部位就意味着："我就是一只卑微的蠕虫，我尊重你高高在上的地位，我想和你做朋友。"

如果你想要狗狗尊敬你，可以试着多做些命令式的练习，比如命令它起、坐、卧倒和打滚。如果你想要狗狗表现出顺从，就教它舔你的手或是和它握手。舔舐和爪子的动作都是有着积极意味的求和姿势——表示着想要和对方做朋友。如果你想要狗狗展示出犬类的服从动作，可以在它侧卧着的时候咯吱它的私处，看着它抬起后腿把私密部位暴露出来。

"这个品种的狗狗本来就很难控制。"

拿这个当借口而不去对狗狗进行脱敏、操控和社会化的训练，那这主人真是傻得没话说。如果你对狗的种类的研究能够让你信服你的狗狗是难以对付的品种，那么你要做的就是付出双倍或三倍的努力对它进行各方面的训练，并且把各个训练阶段的时间段都提前。就我所知，几乎每一个品种的狗狗都被抱怨过难对付。一旦你觉得你选定的品种犬对你来说太难对付，那么你一定要立刻去寻求帮助。请来一名训犬师，让他在你糟蹋了狗狗的品性之前教你怎么正确地操控狗狗。

“是我的爱人 / 伴侣 / 父母 / 孩子 / 室友从一窝小狗里选了最难对付的这只。”

你还记得挑选狗狗的关键准则吗？那就是要得到所有家庭成员的同意。现在说这个为时已晚，所以我还是会做出同上一条一样的建议。付出双倍或者三倍的努力对它进行各方面的训练，并且把各个训练阶段的时间段都提前。除此之外，你也可以考虑一下“训练训练”你的爱人、伴侣、父母、孩子或你的室友。

“狗狗生下来就有问题。”

给出的建议同上：一旦你发现狗狗有生理上的问题，你就要付出双倍或者三倍的努力对它进行各方面的训练，并且把各个训练阶段的时间段都提前。

做基因筛选也晚了，再说，就算知道有缺陷你又能怎么办呢？改变它的基因么？许多人拿品种、优势血统或者机体条件来当作放弃狗狗的借口——当然，这也是他们放弃对狗狗进行训练的借口。在现实中，只有社会化训练才是拯救狗狗的唯一办法。它们需要接受训练，大量的训练！立刻，马上！

撇开狗狗的血统和品种不谈，也撇开狗狗来到家里之前受到的训练不谈，狗狗的品性、行为和规矩变化与否完全取决于你是怎样训练它的。好好训练你的狗狗，它会好起来的。把它丢到一边，它只会变得更糟糕。狗狗的未来完全掌握在你的手上。

“它只是一只狗狗！”或者“它特别特别可爱！”或者“它只是在玩耍而已！”或者“等它长大了就好了！”

当然你的狗狗只是在玩儿——它汪汪乱叫、吠叫着吓唬人、咬来咬去、打闹着玩、护食或者玩拔河游戏。如果你对它的行为只是一笑而过，那么它依旧会继续这种进攻意味十足的游戏，而等到它成年之后，可就会玩真的了。

对幼犬来说，玩耍是很重要的事。狗狗要想学会犬类行为中各种动作的社会性意义，要想明白在不同的场合做出不同的行为是否得当，它就必须去玩耍。你应该做的就是教会狗狗游戏法则。它在幼犬期学会的游戏法则越多，那么它在成年后就会越安全。

幼犬吠叫是很正常的事，没什么不好接受的，只要你可以随时命令它停止制造噪音。要让一只八周大的狗狗停止吠叫是很简单的，你自已首先要保持安静，这样狗狗更容易安静下来。说："狗狗，安静！"并且把狗粮袋悬在它的鼻子前晃晃，等到狗狗彻底安静下来的时候再一边夸奖它是只好狗狗，一边奖励给它一块狗粮。同样的，拔河也是很常见、接受度很高的游戏——只要不是狗狗先开始的游戏，并且你在游戏中能够让狗狗随时松开嘴巴、乖乖坐好。要教会一只八周大的幼犬以上两条规则并非难事。在玩拔河的时候每隔十五秒就让狗狗松开绳子坐好，对它说"谢谢你"，并且把狗粮袋子拿到它鼻子前晃晃。当狗狗松开口过来嗅狗粮的时候，就夸奖它，并让它坐下。等它坐下来，就好好夸奖它一番，给它狗粮做奖励，再继续游戏。

接下来的章节会介绍守卫游戏、咬人游戏和打斗游戏的指南。

受控制的吠叫

教会狗狗按着命令去吠叫并非难事，对它说"讲话"，同时让别人按响门铃刺激狗狗吠叫。几次重复之后狗狗就会在你说"讲话"的时候叫出声来，即便门铃并没有响。依照此法也可以轻松教会狗狗听从命令去吠叫。在玩拔河的时候狠劲争夺狗狗的玩具让它吠叫，一旦它叫出来，就夸奖它。

训练狗狗服从命令去吠叫有助于加强主宠双方的信心，同样也对训练它“噤声”有所帮助。

接下来对它说：“狗狗，噤声！”并且停止跟它争夺玩具，让它嗅嗅狗粮。它若是停止吠叫了，就柔声夸奖它，给它狗粮做奖励。

让狗狗按命令发声有助于你在适当的时候命令它噤声。比起在狗狗听到门前有人声而兴奋吠叫，或者是畏惧陌生人的接近而吠叫的时候试图让它安静下来，上述做法要简单得多。交替着命令它“讲话”和“噤声”，直到狗狗可以完美地服从命令为止。它很快就会学会在服从命令而吠叫的时候偶尔会噤声，这样就代表着狗狗理解了在自己兴奋或是害怕的时候主人是希望自己保持安静的。

吵人的狗狗比安静的狗狗要吓人，尤其是那种叫个不停看起来在发怒的狗狗。而经过训练后，简单的一句“噤声”就可以让狗狗安静下来，从而看起来不会很可怕以至于吓到客人，尤其是吓到小孩子。

教会狗狗“噤声”对它也是有好处的。许多狗因为吠叫而受到惩罚，就是因为它们没有学过如何“噤声”。不幸的是大部分成年犬吠叫只是因为觉得兴奋、热情或是无聊而已，而幼犬的吠叫则是对你们发出一起游戏的邀请。

委婉语、间接否认及其他愚蠢的说法

“要它接受陌生人还需要一点时间！”“它只是不怎么喜欢小孩子！”“它就是有些怕人而已！”

如果一只狗很难接受陌生人和小孩子的存在、很害怕人类的接触，那还有人能跟它住在一起吗？可怜的狗狗肯定是十分焦虑的。狗狗曾经几度哀求主人、提示主人自己觉得处在陌生人和孩子们中间很不舒服，很不喜欢陌生人来抱自己的脖子，那么意外的发生就是必然的了。假设一个陌生的孩子来抱狗狗的脖子，打比方场景是在狗食盆旁边，而正好那一天狗狗心情不好，有些烦躁。那狗狗肯定会咬他一口。而我们会怎么说？责怪狗狗无缘无故就冷不丁地攻击人？这只可怜的狗狗至少有五条合理的咬人的理由：(1)那是个陌生人；(2)那是个孩子；(3)那人要抱自己的脖子；(4)接近了自己的食盆；(5)它觉得不舒服。而且狗狗之前就已经多次提醒了主人一家。

如果有什么事物刺激到了狗狗，一定要立刻帮助它，让它降低对该刺激物或者该场合的敏感度。帮助狗狗树立信心，让它能够轻松无畏地接受一些日常事件。所需进行的训练上文均有提及。快点试试吧！

3. 守护财产

护着自己的东西是家养宠物犬的通病，往往是由于从小主人不加管制而形成的。主人往往没有注意到他们青年期的狗狗有着越来越强的占有欲。有些主人甚至还会鼓励狗狗的这种行为，觉得它们这样很可爱。

犬类保护自己的所有物是它们的天性。在野外，狼可是绝不会跑到隔壁借一碗骨头回来吃的。家犬很快就会学会，一旦有东西被拿走了，那就意味着永远的失去。因此，狗狗喜欢把自己的东西藏起来不让人发现，这是件很正常的事儿。

母犬比公犬的守护意识要强。在同一窝小狗里，即便是弱小的小母狗都可以成功地从强壮的小公狗那儿守住自己的食物。事实上，《母犬第一修订案》对《公犬等级法则》来说就是一句话：“我有你没有的东西！”而对于雄性犬来说，守护自己的物品则意味着没安全感和不够自信。这类行为通常发生在地位一般又没什么安全感的雄性犬身上。守护物品什么的可不是顶尖的狗狗会做出的行为，事实上那些真正处于地位顶端的狗狗对自己很有信心，并且很乐意与地位低的同类分享骨头、玩具或食盆。

如果你频繁地从狗狗那儿拿走食物或者玩具，并且不再还给它，那么它很快会知道，放弃一个东西就意味着永远地失去它。那么，狗狗会养成把东西藏起来不让你看到的习惯也是可以理解的了。它也许会跑到一边藏起来，咬住不松口，冲着接近的人咆哮、吠叫，甚至还会咬人。

如果你觉得狗狗守护物品的时候你只能退后，手足无措，那么你需要立刻向专业训犬师寻求帮助。这种问题会愈演愈烈，很快你的狗狗在成年后会为了守护东西连你都会攻击。训练一只占有欲很强的成年犬是一件非常耗时耗力并且存在风险的事情。你肯定会需要一名有经验的训犬师或犬类行为咨询师的协助。然而，在幼犬时期进行预防则是简单又安全的事情。

你首先要保证狗狗已经养成了咀嚼磨牙玩具玩的习惯，如果它喜欢和玩具玩，那么它是不会想让自己的玩具被人拿走的。除此之外，我们还要教会狗狗服从主人的命令，自愿放弃自己的玩具。

起先你应该教会狗狗自愿放弃玩具并不是一件坏事。你要让狗狗知道，放弃它的那些骨头呀，玩具呀，小东西呀意味着它会得到更好的东西作为补偿——主人的夸奖和奖励，并且过后还能够拿回原先的东西。

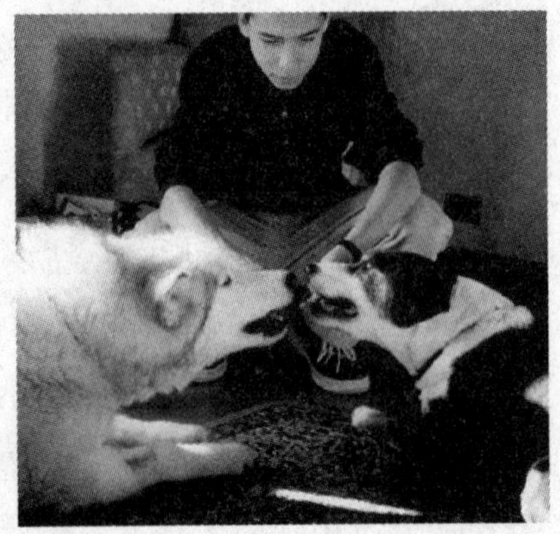

你可以在亲手喂食狗粮的时候轻松教会狗狗“松口”和“拿走”的口令。说出“拿走”并给它一块狗粮，如此重复三次。接着再说“松口”并且把狗粮藏在手心里。让狗狗围着你的拳头着急，至于让它着急的时间，由你决定。狗狗会挠你的手甚至咬上来（当然在狗狗的牙齿咬痛你的时候可以忽视狗狗三十秒，再把它唤来让它坐下和卧倒，然后再继续练习）。狗狗最终会放弃，收回嘴巴。一旦狗狗放弃接触你的手，你就立刻说“拿走”，并摊开手掌让狗狗从你的掌心叼走狗粮。如是重复多次，每一次都延长一些藏住狗粮的时间，不让狗狗很快吃到。我发现一个小诀窍可以让狗狗乖乖等待，那就是念《好狗歌》：“一只好狗狗，两只好狗狗，三只好狗狗。”以此类推。要是狗狗可以坚持到你数到“十只好狗狗”而不去碰你藏着狗粮的手，你就可以用食指和大拇指捏着狗粮给它看，并说“松口”。你可以练习着说“松口”，之后把狗粮放到地板上；再说“拿走”，然后将狗粮再捡起来。

教会“松口”这个实用的口令好处多多。

“拿走主义”——让狗狗用宝贝来交换夸奖

开始训练的时候可以使用一些你和狗狗能够同时拿住的物品，比如卷起来的报纸或者带着绳子的磨牙玩具。身体上的接触在这类占有游戏中有着很重要的作用。如果你一直拿着某件物品，那么狗狗不大可能会想守住它。然而一旦你先松了手，狗狗会更倾向于守护它的战利品。

如上文所说的练习一样，先训练狗狗听令“松口”和“拿走”。把物品放在狗狗嘴巴前面摇晃着吸引它，当狗狗咬住该物品的时候记得夸奖它。不过不要松手，继续拿着该物品。说出“狗狗，谢谢你”，停止摇晃物品好让狗狗停止拉扯，同时用另一只手拿起很美味的奖励（冷冻脱水的动物肝脏之类的食物）在狗狗鼻子跟前摇晃。一旦狗狗松开口，把物品完全让给你之后，你要记得夸奖它。继续一边夸奖它一边给它小奖励，同时还可以指挥它坐下或卧倒。接下来，指挥狗狗把物品捡起来，再重复一遍上述程序。当狗狗做到连续五次都能够听令迅速放弃物品的时候，你就可以试试每一次都把物品全部让给它。现在你可以着手试一些小物品了，比如不带绳子的磨牙玩具、网球、饼干球、无菌骨头或者其他的玩具。一旦狗狗可以迅速地叼起或是放下该物品，就把它丢给狗狗并且说：“谢谢你。”万岁！你现在拥有了一只忠诚的会拾回东西的狗狗啦！

拾回物品是一项充满趣味的练习方式，实用价值也很高，比如说让狗狗帮忙找回丢了的钥匙，为你拿拖鞋，整理自己的玩具等。大部分小狗都喜欢拾回物品，同时也乐意把自己的东西交出去。狗狗认为这很划得来。它们把玩具暂时地交出去，就能换来物质奖励，在它们吃狗粮的时候主人会妥善地为它们保管玩具，等吃完之后再把玩具要回来，它们还能够因此得到更多的奖励。

可实际上，有些狗狗过于热衷于把自己的东西交出去，因而有时候会给主人带来困扰。如果狗狗未经命令就献给你过多的“礼物”，你应该指导它：“拿回到你的床上去。”同时这也是教会狗狗自己整理玩具的好方法。

教会狗狗还回物品，其实也是在让狗狗知道它的玩具现在有着交换意义上的价值——它可以拿玩具来交换主人的夸奖和奖品。进行这类取物训练是使得狗狗的玩具增值的好办法，使得这些玩具被拿来用作训练中的奖励及诱惑时更加有效，也可以让狗狗对自己的玩具更感兴趣，而不是很容易玩腻了玩具就跑去折腾一些不应该被拿来玩的物品，不管是室内的还是室外的。

一旦上述的交换练习开始进行了，你就可以通过让狗狗拿磨牙玩具或无菌骨头来交换奖品了。在狗狗十周大之前，你应该遵循以下的练习方法：多次练习以增强狗狗的信心。即便对方只是一只十周大的狗狗，我仍旧建议你请来一个助手。在无菌骨头的一端系上结实的绳子，狗狗一旦开始叫唤，就让助手拉住绳子把骨头拉走，并且快速用一个塑料垃圾筐把骨头盖起来。塑料筐也可以在对狗狗进行食盆训练的时候使用，拿来盖住狗狗的食盆。

如果狗狗一直是在只有自己、没人打扰它的环境里吃骨头的话，自然而然它会变得占有欲十足。除非你能够在不惊动它的情况下把它的骨头拿走，不让它有任何专属的骨头。在拿住狗狗正在啃咬的骨头的同时发出“松口”和“拿走”的口令，间或对狗狗说：“谢谢你！”并在拿走骨头的同时将一包美味的狗粮放在狗狗鼻子前面晃。在狗狗吃狗粮的时候，你可以在一旁拿着骨头，接着指导狗狗坐下并卧倒，然后再多次重复上述程序。

别浪费时间教训乱叫的狗狗。相反的，我们要做到在狗狗停止吠叫的时候立刻夸奖它并给予奖励。除此之外，要是狗狗乱叫，你可以立刻把它的骨头或者食盆收走。许多狗狗一旦发现自己的食物被动了，肯定会叫起来的。没有天生的坏狗，它们都只是普通的狗而已，吠叫是它们的天性。然而，狗狗应该知道吠叫是不起作用的，以免爱叫的毛病加剧并且伴随它直到成年。随着狗狗信心的增强，它会明白根本没有必要乱叫，因为主人并不会偷走它的食物。当狗狗不再吠叫的时候，你应该夸奖它，然后退后几步，再唤它过来、坐下并且卧倒。在狗狗听从命令后再把物品还给它，再重复上述步骤。

如果你对这类训练有所困惑的话，请立刻寻求帮助。否则，等狗狗长到三个月大的时候就来不及了。

食盆

许多过时了的养狗指南上都写道不要在狗狗进食的时候接近它。这条建议对于一只可靠的成年犬来说是很明智的，让它安静地自己吃饭。不过，这并不意味着你应该让未经训练的幼犬单独吃饭。如果幼犬从小就习惯了单独吃饭，那么等它成年之后，它就会反感在进食的时候被人打扰。而最后，肯定会有人不经意地打扰到它的进食，它就很可能表现出犬类动物的特征，为了护食而对着人龇牙咧嘴、咆哮吠叫，甚至会咬人。

不管怎样，你还是应该提醒大家在狗狗进食的时候别去打扰它，不过首先你得保证你的狗狗在食盆边上的表现是值得人信赖的。教会狗狗不仅要允许它的食盆附近有人出现，更要让它时刻准备着应付进食时间里出现的客人。

你可以在狗狗吃狗粮的时候手拿着它的食盆，然后给它一些小美味并且拖住狗狗，让狗狗知道吃饭的时候如果有人在场有可能会更愉快——因为人类会给它爱抚和小奖励。让狗狗从食盆里吃狗粮，然后再给它一些小美味，在它吃别的东西的时候把它的食盆挪开。接下来再调换一下先后顺序，试试先挪食盆再奖励它小美味。狗狗很快就会期待着有人来把自己的食盆挪开，因为这是它能得到美味小奖品的信号。

在狗狗从食盆里吃干粮的时候迅速伸手进去给它添一把狗粮，然后给狗狗一些时间，让它发现自己的狗粮变多了，再让它继续吃。接下来再把手伸到它的食盆里，再给它撒一把狗粮。如此重复几次，狗狗就会习惯了，并且还会期待着有手伸到自己的食盆附近。这种练习对狗狗来说有着无穷的神秘感，就像一位魔术师能够变出鲜花和鸡蛋，或是从谁的耳朵后边变出一只鸽子来一样。

在狗狗进食的时候跟它坐在一起，安排家人和朋友一个个地走过来。每当有人过来，就给狗狗的狗粮上面加一小勺罐头食品。很快狗狗就会把有人过来和狗粮上出现的罐头食品这两件事联系到一起。之后再让家人和朋友走过来给狗狗的食盆里加上一点狗粮，这样狗狗就会欢迎进食时间有人类出现，当然它更欢迎的是人类给它带来的小礼物。

确保狗狗在吃饭的时候是坐着的。

差劲的服务生

你曾经有过在餐厅里等了一个小时，吃着干面包喝着白开水却连菜单都没见着过的经历吗？“服务生哪儿去了？真希望他赶快过来。”其实这种“差劲的服务生”也会给狗狗带来一样的反应。大部分狗狗都会求着你快到它们的食盆跟前来。

把狗粮倒进一只碗里，再把碗藏进角落，然后给食盆里放进一把狗粮，再把食盆放到地板上。试着拿照相机把狗狗的反应给拍下来。它会用不可思议的表情看着食盆。狗狗会在你和食盆之间来回瞅，把那些狗粮吃下去，再把空食盆好好地嗅一遍。这时候你就可以悠闲地走开，该忙啥忙啥。也可以问一问狗狗吃得是否开心：“一切都还合你的口味吗，客人？现在可以上第二道主菜了吗？”等到狗狗来求你给它多一些的狗粮时，你再走过去拿起它的食盆往里再放一把狗粮，等着狗狗坐好，再把食盆放到地板上。

每上一道“主菜”，狗狗都会变得更加平静，举止也更为得体。同样的，分开好几次来喂食狗狗也可以使得狗狗变得期待你的接近。

小纸巾，大麻烦

数年之前，我曾经接过这么一个案子：一只一岁大的狗狗偷了家里用过的纸巾，主人跟在它后面撵它。狗狗藏到床底，主人就拿扫把去够它，结果被它咬到了手腕。我还遇到过许多类似的事情。为了“偷纸巾的贼”而闹得主人和狗狗双方都不愉快可真是不值。如果你不想让狗狗去偷纸巾，那就把纸巾处理好。话又说回来，如果狗狗对纸巾真的很感兴趣，那么你可以利用纸巾做奖励来训练狗狗，或者干脆把纸巾当作玩具送给它。你很有必要教会狗狗拿着卷起来的报纸呀，厕纸的空心筒呀，单张的纸巾什么的作为来交换食物类的奖励，免得狗狗对于纸质产品过于迷恋、过于有占有欲。

“狗狗在食盆边上表现得有点儿不正常”

令人惊讶的是仍旧有那么多青年期的狗狗会护食，而它们的主人却放任不管。含有游戏意味的守护物品自然是正常的，在正在成长的狗狗中也很常见，然而，绝不能允许青年犬或者成年犬还有这样的充满抵御性的守护行为。增强狗狗的信心和安全感其实很简单，这样一来，狗狗就不会觉得自己有必要从人身边把食盆、骨头和玩具给护起来了。

如果你发现自己的狗狗对于某物品有着占有欲或者保护欲，请立刻做出行动。本章已详尽地介绍了相关练习。如果你觉得问题已经超过了自己能控制的程度的话，请在狗狗依旧是幼犬的时候立刻去寻求专业的帮助。

第五阶段的训练

学会控制啃咬行为

幼犬会啃咬，倒是件值得庆幸的事，因为幼犬的啃咬是一种正常而自然的行为，不会啃咬的幼犬才是需要主人担心的。幼犬通过咬着玩来学习啃咬控制力，从而不会下嘴过狠。一旦狗狗用力过大，就能得到及时的提醒，它啃咬的次数越多反而成年后它的牙齿就越不会对人或物品造成伤害。而那些幼年时期不张口啃咬的狗狗，它们长大后一旦发生啃咬事件，就更容易造成严重的咬伤。

幼犬天生的啃咬嗜好使得它经常咬着玩。虽然它如针般尖利的牙齿让人感到很疼痛，但它的上颚和下颚还使不上劲，几乎不会造成严重的伤害。因此在幼犬的上颚和下颚强壮到能够造成伤害之前，它在成长的过程中就要早早地知道自己的啃咬行为具有伤害性。幼犬和人类、同类或其他动物在一块咬着玩的机会越多，它长大后控制啃咬行为的能力就越强。对于那些在成长的过程中缺乏与同类或其他动物定期交流的幼犬来说，它们这部分练习会有所缺失，主人就要全权负责其控制啃咬行为能力的培养。

如果你勤勤恳恳地进行了第六章所说的所有关于幼犬的社会化训练以及操控狗狗肢体的相关练习，那么你的狗狗就不可能由于害怕或缺乏自信而去咬人，因为它喜欢人类。但是，倘若你的狗狗因为受到惊吓或伤害而撕咬或啃咬的话，我们希望它即使造成伤害，那么伤害也不大，因为它在幼年的时候已养成了良好的啃咬控制能力。虽然要使一只狗狗得以社会化并确保它能应付好所有可怕的不测绝非易事，但是要保证它能在幼年时掌握稳定的啃咬控制能力并非难事。

如果狗狗是由于受到刺激而啃咬，那么只要它能够很好地控制自己的啃咬行为，就很少会咬破皮肤。只要狗狗的啃咬引发的伤害很小或没有造成什么伤害，要重新塑造它的行为就相对容易和安全些。但是当你的狗狗长大后造成咬伤时，再来把它的行为恢复到正常就要复杂得多，且耗时更长，潜在的危险也更大。

良好的啃咬控制力是所有伴侣犬最重要的品质。另外，狗狗在四个半月大之前的幼年期一定要学习啃咬控制力。

良好的啃咬控制力

良好的啃咬控制力并不是说你的狗狗从来都不张口啃咬，而是指如果它撕咬或猛咬的话，它的牙齿也不会碰触到皮肤，假使碰触到了皮肤，受到控制的“啃咬”哪怕造成了伤害，伤害也会很小。

案例故事

不管你多么努力地让自己的狗狗接受社会化的训练，教它享受与人相伴、参与到人类的活动中来，总会有些始料未及的事情发生。下面是一些案例故事：

- 主人的一位朋友无意间关车门时夹到了狗狗的尾巴。
- 一位穿着高跟鞋的女士意外地踩到了自己熟睡中的罗特维尔犬的腿。

- 一位杰克罗素梗犬的主人抓住了狗狗的项圈。
- 一位宠物美容师在清理一只麦色梗犬毛毡般的毛发。
- 一位兽医在医治一只伯尔尼兹山地犬脱臼的肘骨。
- 一位客人绊了下，头朝前地摔了出去，正好碰上了正在啃骨头的艾尔谷口梗犬（万能梗犬）的头。
- 一个披着超人斗篷的三岁小孩从咖啡茶几上跳下来，跌落在一只熟睡的雪橇犬的胸腔上。

罗特维尔犬和伯尔尼兹山地犬都大叫了起来，后者仍然老老实实地躺着，没有啃咬的意图；其他的狗都狂吠起来，迅速地掉头怒对来犯之人；雪橇犬则爬起来离开房间；罗特维尔犬和杰克罗素梗犬都龇牙咧嘴的，但没有沾到人；麦色梗犬挠了宠物美容师的手臂；艾尔谷口梗犬划伤了客人的脸颊。这些狗狗大多时候都十分友好，而至关重要的是它们在幼犬时期都习得了优秀的啃咬控制力。除了在极度恐惧和疼痛的情况下，狗狗都会立刻（在 0.04 秒内）用啃咬控制力来约束自己的啃咬行为。因此，这些狗狗都没有引发严重的伤害，而且它们的行为能够成功地恢复到正常。

而那只尾巴被夹住的狗狗（是只母犬）却在关车门的人手臂上狠狠地咬上了好多口，简直惨不忍睹。这只狗狗是属于那种大部分人都认为十分友善的品种，它也被带去参观过很多学校和医院。事实上，它的确很友善，但它没有学会控制自己的啃咬行为。在幼年时期，它很少和其他狗狗一起玩，那时的啃咬行为也很少，而且由于是幼犬，本就造成不了什么伤害。正因为它之前没有伤过人，主人才丝毫没有料想到它如今的啃咬会造成如此严重的后果。对于那些经常陪伴在人类左右的狗狗来说，如果社会化程度很高但却没有啃咬控制力，这样也是相当危险的。

一些人可能会觉得狗狗出于防范而啃咬是合情合理的。但是上述众多例子中的情况并非如此。上述的每个例子中，狗狗都可能感觉到自己受到了攻击，但事实上它却咬了无心要伤害它的人。无论你承不承认，我们人类社会化的程度之高，即使是我们的发型师、牙医、其他医生、朋友和其他认识的人无意间伤害了我们，我们也不会对他们发起攻击。同样的，要训练我们的狗狗不去攻击宠物美容师、兽医、家人、朋友和客人也是相当容易且十分必要的一件事。

狗狗啃咬的好坏方面

狗狗做出啃咬的行为时总是让人十分烦心。但是在绝大数情况下，它的啃咬都不会造成伤害，这就能很好地证明它有着很强的啃咬控制力。

如果主人们能做到一旦狗狗被刺激到了极限，就立刻做出反应防止它伤人的话，那么情况就不是那么令人担心了。例如，如果狗狗受到了小孩儿的虐待，它只是狂吠着警告和龇牙咧嘴，但没有碰触到皮肤，就没什么危险。

通常情况下，啃咬控制能力强的狗狗在真正伤到人之前会进行多次啃咬的尝试，因此主人能够得到提醒，并且有充足的时间来恢复狗狗的社会化训练。

表现优秀、良好、糟糕和可怕的狗狗

表现优秀的狗狗：社会化程度高且啃咬控制力强。

表现优秀的狗狗是非常棒的，它喜爱人类而且极其不容易咬人。即使是受到了伤害和惊吓，它可能也就只是短促地尖叫两声，然后跑开。受到极度的刺激时，它可能会发动攻击，但咬破皮肤还是不常见的。

在幼年的时候，它有很多机会和其他的幼犬及狗狗一起打着玩儿，而且还能接触各种各样的人，通过玩游戏来训练如何控制自己的啃咬行为。

虽然它已经很棒了，但切记狗狗的社会化和啃咬能力训练是需要付出终身的努力的。它可能会“咬”人，但不会造成伤害。

表现良好的狗狗：社会化程度低但啃咬控制力强。

表现良好的狗狗在受到刺激时可能会咬人，但不太可能咬破皮肤。它遇到陌生人时，不会上前亲近而是倾向于逃跑或躲起来。只有在被追赶、强迫和束缚肢体的时候，它才会啃咬。

在成长的过程中，它有充足的机会与其他狗狗及家庭成员咬着玩儿，但是幼年时期它没能接触到很多不同的人。

它怯怯懦懦的、冷漠的行为一再清晰地提醒主人要重新塑造它的行为。良好的啃咬控制力使得主人能够很安全地对它进行社会化训练。狗狗表现得很害怕，这样就足以警告人们要保持距离，否则他们就会受到伤害。它的冷漠也通常会使它远离陌生人。最容易成为受害者的是那些要跟它打交道的、给它检查身体的人，如兽医和宠物美容师。它可能会“咬”陌生人，但不会造成太大的伤害。

表现糟糕的狗狗：社会化程度很低且啃咬控制力差劲。

表现糟糕的狗狗显然是犬中的噩梦：它不喜欢人多的场合，经常狂吠一通，容易咬伤人且造成很深的伤口。通常在最初的咬人事件中，它都是大叫着突然向前冲，狠狠咬一口，并且当它转头准备快速撤退的时候会把伤口扯开。

很有可能它是在后院里或者是狗场里长大的，或者是被养在室内的，与其他狗狗及人类的接触有限。幼犬时期的咬着玩儿也彻底地遭到了阻碍。

它会通过大声吠叫来表现自己社会化的一面，这是它仅存的风度，这样就很少还有人会傻到在可能被咬的情况下去靠近它。所以陌生人被它咬的事情很少发生，要是发生了就要怪主人不负责任了，因为他/她已得到了多次的提醒，但却没有让狗狗远离人们。在陌生人被咬的事件中，它通常会咬了一口之后迅速跑掉。被咬的常常都是主人，因为只有他们会如此近距离地接触狗狗。

表现可怕的狗狗：社会化程度高但啃咬控制力差。

表现可怕的狗狗是真正的犬中恶魔——潜伏在人们身边的小炸弹！它的外在行为掩盖了其潜在的真正问题——差劲的啃咬控制力。这种狗狗喜爱人类并喜欢伴在人们的左右。除非受到了严重的刺激或感到了十分的疼痛，一般情况下它不会咬人。但是一旦它发作了，那不咬出个大毛病来它是不会罢休的。

幼年时期，它有很多机会通过咬着玩儿来训练自已的啃咬控制力，但主人可能不允许。同时它跟其他狗狗之间没有充足的交际，打闹可能也是被禁止的。

凡是喜欢跟它玩儿的人，包括孩子、朋友、家庭成员和陌生人都有被咬的可能。每次咬人事件中，它咬的可不止一口，因为它并不急着要逃跑。

在急着下结论说自己的狗狗就是“犬中恶魔”之前，请你一定要保持客观的态度。你的狗狗的啃咬控制力并非很差，而你认为它社会化程度很高也只是因为你还不知道它的啃咬控制力是怎样的。首先，你的狗狗轻易不会咬人的。如果你继续对其进行社会化和与人打交道方面的训练的话，它咬人的概率就会更低。其次，即使你的狗狗咬了人，也不一定说它的控制力就差劲。只不过你无法确定这一点，因此就得每天进行啃咬控制力的训练（用手喂食、清理牙齿、拔河和打着玩儿）。每一只狗狗的牙齿都不可能十分友好。

只要狗狗不咆哮和啃咬，很多人就会认为它是只“好狗狗”，否则的话就会被贴上“坏狗狗”的标签。然而，事实上这并不是“好”“坏”狗的差别，而是社会化的“好”“坏”以及啃咬控制力训练得“好”“坏”。狗狗的社会化程度以及它是否咆哮和咬人取决于其幼犬时期社会化程度的高低；而幼犬时期社会化的程度又取决于主人。但比狗狗是否咆哮和啃咬更为重要的是即便它动口了，也不会造成严重伤害，也就是说它在幼年时期所获得的啃咬控制力到底有多强，这也取决于主人。

所有的主人都应当每天持续不断地对自己的狗狗进行社会化训练，进行相关的肢体操控、循序渐进地脱敏和啃咬控制力的训练。

事实上，狗狗并不像人那样具有很大的致命性

可悲的是，狗狗的确会偶然狂咬人并置其于死地。在美国，狗狗平均每年会咬死20人，其中一半是孩子。这样令人震惊的事往往都会成为头版头条，尤其当受害者是个孩子的时候。但更为恐怖的是，2003年美国有2000多名孩子死于其父母手下。然而，这些谋杀很少会引起国人的关注，不会成为什么大新闻。每天都有6名以上的孩子被自己的父母所杀害。呜呼！难道谋杀儿童已是司空见惯、不值得报道的事情了？

人类的啃咬控制力

任何狗狗的行为都并非完美，但幸运的是，大多数狗狗都接受了良好的社会化训练，而且啃咬控制力也是相当强的。基本上，大多数的狗狗都很友善，虽然有时候它们会让某些人担惊受怕。同样的，虽然许多狗狗的一生中的某个时候可能咆哮过、甚至轻咬过人，但很少会有狗狗造成很严重的伤害。

拿人类做类比可能会更好地阐释啃咬控制力的重要性。很少有人能够大言不惭地说自己从来没有与他人产生过分歧和矛盾，从来没有在生气的时候对别人动过粗（尤其是在涉及到兄弟姐妹、配偶和孩子的时候）。然而，极少数的人会将他人伤害到要住院治疗的程度。所以大多数人会轻松地承认自己有时是会跟他人产生分歧而争辩，甚至偶尔会大打出手。即使如此，

伤害他人的人毕竟也是极少数的。狗狗也是如此，许多狗狗每天都会发生几起冲突。大多数狗狗一生中会参与一些扭打、撕咬的争斗，但很少有狗狗会严重地伤害同类或人类。这就是啃咬控制力的重要性。

对其他狗狗的啃咬控制力

狗狗间的咬架能够很好地证明稳定的啃咬控制力的效力。狗狗打架时，都摆着一副不咬死对方不罢休的凶样。然而等到硝烟散去，检查它们的身体时，你会发现 99% 的情况下压根儿就没有什么咬伤。尽管战斗中场面十分混乱，狗毛横飞，两只狗狗都咬牙切齿，但没造成任何伤害，因为它们的啃咬行为都得到了很好的控制，这一控制力是在它们幼年时期习得的。在它们最喜欢的活动——打着玩儿的过程中，幼犬教会了彼此如何控制自己的啃咬行为。

除非家中有接种过疫苗的成年狗狗，否则的话爱犬就必须暂时生活在一个没有其他狗狗的环境中，并且狗狗间的社会化训练也要推后一段时间。在爱犬获得足够的免疫力之前，绝对不能允许它出去和其他狗狗一块玩耍，因为它们的免疫能力情况不明，或者可能踩到过患有细小病毒症及其他严重犬类疾病的狗狗的排泄物。然而，一旦狗狗获得了强大的免疫系统，一般最早在它三月龄的时候，就可以大胆地放它出去冒险了，这时要赶快补上它与同类交际的训练。立刻给它报名参加幼犬训练班，每天带它去当地的狗狗公园溜达几次，几年后你会因此而感谢自己的。能够带着自己友善的大狗狗出去散散步，看着它跟其他狗狗一块嬉戏玩耍，便是天下最大的享受了。

然而，啃咬控制力的训练是耽搁不得的。在狗狗无法参加幼犬训练班的这段时间里，你就得亲自教它如何去控制啃咬行为。

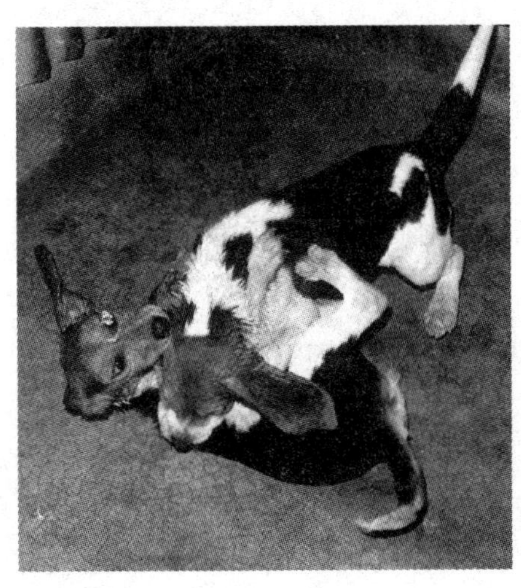

幼犬之间经常打架，且持续时间长。其实大多数的打架都是它们正常玩耍的一部分，但它们偶尔也会发生撕咬，以便确立及维护自己的地位。经常的打闹和偶尔的地位争夺对培养幼犬良好的啃咬控制力是至关重要的。

对人类的啃咬控制力

即使在家中爱犬有很多同类好友相伴左右，你仍然需要教它去控制啃咬人的力度和频率。另外，你还得教它在受到人类的惊吓和伤害时该如何应对。当然，它可以尖叫，但绝不能咬人甚至将人扑倒。

尽管你的狗狗非常友善，啃咬的时候也很轻柔，但在它五个月大的时候就得教它在没有被要求的情况下，千万不能用牙齿碰触人类的身体或衣服。虽然啃咬对于幼犬来说是必要的，青春期的狗狗偶尔磨磨牙也不会遭人烦，但对于中年期的或成年的狗狗来说是极其不合适的。绝对不能允许半岁大的狗狗接近孩子、挠孩子的手臂，不管它的意图是多么温柔、友善，哪怕只是想玩玩而已。这样肯定会把孩子的魂给吓没了，更别说孩子的父母亲会受到怎样的心理伤害了。

啃咬控制力的训练

请务必丨分认真地阅读这部分内容。我要重复地强调：啃咬控制力的教学是狗狗整个教育中最为重要的环节。

诚然，狗狗的啃咬行为最终是要被杜绝的。成年的狗狗不能再像幼犬时期那样游戏般地抓挠家人、朋友和陌生人。当然这得通过系统的两步法循序渐进地展开：第一步，控制狗狗啃咬的力度；第二步，减少狗狗啃咬的次数。

理想的状况是这两个步骤能够按照顺序进行，但是对于喜欢啃咬的幼犬来说，你可以双管齐下。无论是分步进行还是同时展开，在让幼犬不再咬人之前，你必须教会它放轻力度。

控制啃咬的力度

第一步就是防止爱犬伤害人：教它在咬着玩儿的时候控制力度。没必要呵斥或体罚它，但一定要让它知道啃咬是有伤害性的。简单的一声"啊！"通常就足矣。在幼犬后退之时，你可以短暂地"舔舐下伤口"，然后指导你的狗狗走到你身旁、坐着、躺倒、向你道歉并求你和好。之后再继续一块玩耍。如果幼犬在听到你的叫痛之后并没有相应地消停下来并后退，行之有效的方法就是叫它"坏蛋！"，然后离开房间关上门。给幼犬一两分钟的时间去思考，让它想明白自己是不是把人类这一大型"磨牙玩具"给咬痛了，人的立刻走开跟它的啃咬之间又有什么关系。然后再回到房间里跟它和好。你一定要表现出还爱它，这一点很重要，只是它把人咬痛了是十分讨人厌的。把爱犬叫到身旁坐下，然后再继续玩耍。

当幼犬啃咬的力度太大的时候，更好的做法是暂时离开它，而不是将它拴起来或者是把它扔到它自己的隔离范围里去。所以要养成在它长期待的地方与它玩耍的习惯。这个法子在那些头脑简单的幼犬身上成效显著，因为这正是幼犬之间玩耍时学习控制啃咬力度的方法。如果一只幼犬用力过猛地咬了另外一只，被咬的幼犬会尖叫起来并停止玩耍来舔舐自己的伤

幼犬咬你的次数越多并且一旦用力过大就能得到提醒的话，它成年后啃咬控制力就越强，也就越不会造成咬伤。对于要减小啃咬力度的提示包括赞赏它玩耍中在压力增加时能够轻轻地啃咬，叫声很小，还会暂停一下；人在被咬痛时能够大叫一下来提醒它、暂停三十秒再继续玩。每次暂停后，不要忘了在继续玩耍之前指导幼犬走到你身旁、坐着并躺倒。

口。啃咬的那只就会明白用力太大的啃咬会打断原本很开心的游戏时间。那么再次玩耍的时候，它就会学着咬轻点。

下一步就是要完全抹去啃咬的力度，即使“啃咬”已经不具有伤害力了。当幼犬啃咬它的“人类磨牙玩具”时，等到它有一次啃咬的力度比其他次都重的时候，你要表现得似乎真的很痛：“啊，你个坏家伙！轻点！你真的咬痛我了，你个坏蛋！”即使它压根儿没咬痛你。幼犬就会想：“天呢！人类实在是太敏感了，下次啃咬他们脆弱的皮肤时，我可得当心了。”这也正是你想要幼犬思考的东西：在和人类玩耍的时候一定要十分小心和温柔。

幼犬三个月大的时候就得让它知道不可以伤害人类。理想情况是狗狗四个半月大的时候，也就是在它的上颚和下颚能够使上劲、牙齿足够锋利之前，就得训练它啃咬的时候不再用大力气。

减少啃咬的次数

一旦爱犬知道了啃咬时力度要小，你就可以教它如何去减少自己啃咬的次数了。幼犬必须得明白啃咬是可以的，但是要它停的时候就得停。为什么？因为当你喝着茶或者打着电话的时候，有只五十磅的狗狗在你旁边对你又抓又挠的可是相当不便的。这就是原因。

开始教幼犬“松口”时用食物来分散它的注意力并以此作为奖励是个比较好的方法。你和幼犬达成的协议便是：一旦我说“松口”，你可以控制住一秒钟不来碰我手中的食物，我就会说“吃吧”，那么你就可以享用了。一旦幼犬完成了这个简单的任务，你就可以让它坚持两三秒不碰食物，接下来就可以让它挑战坚持5秒、8秒、12秒、20秒甚至更长的时间。把秒数数出来，幼犬每坚持一秒就夸它一次：“好狗狗，一只好狗狗，两只好狗狗，三只好狗狗……”以此类推进行。如果幼犬在你准备把食物给它之前就动了食物，那么你只要从零开始重数即可。狗狗很快就会明白只要你说“松口”，除非它能听话不碰食物，否则它便无法享用。比如说要坚持八秒，那么得到食物最快的方法就是坚持八秒不碰食物。另外，在这个训练过程中经常用手喂食的话还能教幼犬下口轻点。

一旦幼犬了解了“松口”的意思，你就可以用食物来引诱和奖励它去学习啃咬的时候如何松口了。你说：“松口！”然后晃着食物引诱它松口并坐下。如果它照样做的话，就称赞它并把食物奖励给它。

这种训练的主要目的就是阻止幼犬啃咬，这样每次爱犬就会乖乖地消停下来、暂停一下，然后再继续玩耍。反复进行这一过程。另外，正因为幼犬想要啃咬，所以阻止它啃咬的最佳奖励就是再次允许它啃咬。当你决定要彻底结束啃咬训练的时候，你就说“松口”，然后给幼犬一个填满狗粮的漏食球。

如果幼犬没有按要求来放开你的手，你就说“坏蛋”并迅速把手抽走，然后气哄哄地离开房间，嘴巴里嘟哝着：“好吧。结束了！是你毁了这场游戏！完了！结束了！再也不和你玩了！”再当着它的面把门关上。让狗狗独自待上几分钟，再回去把它叫到身旁坐下、和好，然后再继续游戏。

当爱犬五个月大的时候，它下嘴的力度必须像十四岁大的拉布拉多寻物猎犬在执行任务时那样轻：在没有受到命令时它绝对不能发起啃咬，啃咬的时候也不能用力，家里的任何成员要求它停止啃咬和安静下来时它都得立刻照做。

是否允许你的成年狗狗按照要求进行啃咬行为，这取决于你。对于大多数的主人，我建议他们要训练自己的幼犬，能够让它在六到八个月大的时候就彻底的不再啃咬人了。然而，保持训练还是相当必要的。否则的话，狗狗的啃咬力度又会轻重不定，长大后力度或许会变得更大。每天要经常亲手给它喂食和清理牙齿，因为这样的训练可以让它用嘴巴感知人手。

对于那些能够很好控制自己狗狗的主人来说，要保持狗狗下嘴力度一直很轻的最好办法就是让它经常地咬着玩儿。但是，你必须按照规则来，而且要叫狗狗遵守规则以防它失控并且能够理解打着玩儿的好处。其规则可参见手册《防止攻击性行为》。

打着玩儿只能教幼犬如何啃咬人的手，手对于力度是极度敏感的，而衣物却并非如此。鞋带、领带、裤子和毛发并没有神经，也不会有感觉。因此隔着衣物，即使幼犬啃咬时用力再猛、离你的皮肤再近，你也无法感

确保对啃咬行为的控制是至关重要的，因为至少90%的狗狗之间的玩耍都包括彼此间的啃咬。也许我们得向自己的狗狗学习。

知，进而无法给予必要的反馈。打着玩儿游戏还能教会狗狗不管它是多么激动，啃咬时必须要遵守规则。基本上可以说，打着玩儿游戏可以让你有机会锻炼自己控制兴奋的狗狗的能力。现实生活中狗狗兴奋的情况时有发生，所以在此之前，在框定的环境里确定对狗狗的控制是很重要的。

失控的玩耍阶段

有些主人，尤其是成年男士、青年男子和小男孩，在训练幼犬咬着玩儿的时候，很快就会失去对狗狗的控制。这就是为什么很多幼犬训练课程建议不要过多地进行咬着玩儿游戏或者拔河游戏的原因。玩这些游戏的目的就是要提高你的控制力。如果你能按照规则来玩这些游戏，就能快速并且很好地控制幼犬的啃咬行为、叫声的大小、精力的程度和活动的进度。但是，如果你没有按照规则来玩的话，你的狗狗长大后就会很快失去控制，十分危险。

对于我自己的狗狗，我定下了一个简单的规则：只有能证明自己对狗狗有着控制力的人才可以跟它们交流或玩耍。这个规则适用于所有人，尤其是家人、朋友和客人，也就是那些最容易带坏你狗狗的人。对于那些激烈的活动，如拔河、打着玩儿和一种特殊版本的足球，我有额外的一条规矩：任何人都不能跟狗狗玩这种游戏，除非你能随时让狗狗停止玩耍、坐下或躺倒。

在幼犬玩耍的时段要多次训练其“松口”、“坐下”和“安静”，那么你的狗狗长大后就会比较容易控制，因为它已经学会了不管自己多么兴奋和激动都要听从你的命令。不要和狗狗玩耍时间过长，至少大约每 15 秒钟就要暂停下来，检查看看一切是否都还在你的掌控之中，是否能够轻而易举并且迅速地让幼犬松口、安静和稳定下来。你训练的次数越多，你的控制力就越大。

大错特错

大家在试图阻止幼犬啃咬时，犯的普遍的一个错误就是惩罚它。惩罚的结果再好也不过是幼犬不再咬那些会惩罚它的家庭成员，反而会将那些对其没有控制力的家庭成员列为自己的欺负对象，比如说孩子。可幼犬通常不会主动伤害孩子，所以家长压根儿就意识不到孩子的危险境地。而惩罚带来的最糟糕的后果就是，幼犬可能再也不咬人了，因而再也没有接受过任何关于啃咬控制力方面的训练。平静的海面下暗潮汹涌——某天某人不小心踩到了狗狗的爪子，或者是关车门时夹到了它的尾巴，它就会毫不留情地咬人，牙齿一下子就能够咬破人的皮肤，就因为它没有受过充足的啃咬控制力方面的训练。

咬人轻柔的幼犬

许多品种的猎犬，尤其是西班牙猎犬小时候咬人都是很轻的（性情温和的西班牙猎犬更是如此），所以就其嘴巴可能会产生伤害这一事实，它们得到的提示比较有限。如果幼犬并不经常啃咬人，那就不好控制了。幼犬必须得了解自己啃咬时力度的限制点，而只有在成长的过程中得到了人类的提醒，它才能知道自己的限制点在哪儿。同样的，想要解决这个问题，还需要让幼犬参加训练班，放手让它自由地跟其他幼犬一起玩耍。

不咬人的幼犬

害羞的狗狗很少会跟其他狗狗或陌生人玩耍。因此，它们就不会咬着玩儿，也无法学着去控制自己啃咬的力度。有这样一个经典的事例：有一只狗狗从小到大几乎都没咬过人。直到有一天它正在啃骨头时，一个小孩儿绊了一下摔到了它的身上，它不仅咬了那个小孩儿，而且第一次咬人就咬出了深深的伤口，原因就是它没有控制自己啃咬的能力。对于那些怕人的狗狗来说，社会化训练是至关重要的，而且训练它们的时候要有耐心，要肯花时间。

类似的情况还有，有些亚洲品种的狗狗对它们的主人都是极度的忠诚，所以对其他的狗狗或陌生人就显得相当的漠然。它们中的一些只会啃咬自己的家庭成员，有些压根儿就不去接触人。可想而知，它们从来没有学着去控制自己啃咬时的力度。

必须立刻得给那些不啃咬的幼犬进行社会化训练，在它们三月龄的时候就得开始打着玩儿和咬着玩儿的游戏。社会化训练和玩耍开始的同时最好再给它们去报名参加幼犬训练班。

成长的速度

大型的役用犬长得都比较慢，只要它们没什么成长的问题，就可以把它们参加幼犬训练班的时间推迟到它们四个月大的时候（最迟是四个半月大的时候，不能再迟了）。然而，有些体型小的品种狗，尤其是牧牛犬，长得就要快得多，等到它们四个月大的时候再报名参加幼犬训练班就为时已晚。牧牛犬、牧羊犬、玩赏的小型犬和梗类犬只要身体健康，越早参加幼犬训练班越好，最迟也只能推到它们三个半月大的时候。

当然，不管爱犬体型大小如何，生长速度又怎样，要想它从正式的训练中学到最多的东西，那就让它三个月大的时候参加一个班，等到四个半月大的时候再报另一个班。

幼犬学校

爱犬一旦满三个月时，就急需补上它与其他狗狗之间的交流及信心塑造的训练了。最迟在它四个半月大之前就得开始接受幼犬训练课程。

四个半月大的时候是你的狗狗成长期的一个关键的转折点，这是它从幼年转为青少年的时刻，这一转变有时一夜之间就能完成。你当然得在幼犬撞上青春期的时候让它接受训练课程。在此，我不得不再过分地强调这一点，即在狗狗从幼年到青春期这一艰难的过渡期中，来自专业的宠物训练人士的指导与监护是多么的重要。

幼犬训练班使得爱犬能够在一个不具有威胁性，但又是在控制中的环境下跟其他幼犬玩耍，同时又能得到训练员的监控，这样就可以让爱犬接受社会化的训练。如此，害羞胆小的幼犬就能够迅速地增强自信，而那些欺凌弱小者的狗狗就会低下头来变得温柔。

幼犬的玩耍时段是极具重要性的。玩耍对于幼犬的信心构建及犬类社交礼节的习得都是十分必要的，以使它们长大后跟其他狗狗交往时更喜欢玩耍而不是咬架或逃跑。如果在幼年时期没有得到充足的社会化训练，狗狗长大后一般情况下都会没有信心去玩耍、嬉戏。另外，一旦狗狗长大后造就了胆小或好斗的性情，就很难再重新塑造它们的行为了。幸运的是，这些狗狗长大后可能存在的严重问题在它们幼年时期很容易就被扼杀在萌芽之中，只要让幼犬之间在一起相互玩耍即可。所以请赐予爱犬玩耍的机会吧。如果你因为剥夺了狗狗幼年时期玩耍的机会而使得它终身遭受社交时的担心和焦虑的话，那对狗狗该是多么不公平。

这可并不是说社会化了的狗狗就永远不会受到惊吓或者和其他狗狗打架。社会化了的狗狗也可能会被吓到，但是很快就能够缓过来；没有被社会化的狗狗就并非如此。另外，社会化了的狗狗曾经遇到过各种体型及类型的狗狗，所以当偶尔遇到一些没有被社会化的或者不友善的狗狗时，它们处理起来会更加得心应手一些。

狗狗与狗狗以及狗狗与人之间的社交

要训练狗狗对人友好，尤其是要享受周遭人类家庭的陪伴是爱犬教育内容中第二重要的环节，这比训练它跟其他狗狗交往要更重要得多（当然，目前众所周知的是，啃咬控制力是幼犬教育课程中最为重要的环节）。

虽然只要采取一些常识性的防范，人类就可以和一只跟其他狗狗都合不来的狗狗愉快地相处，但是要跟一只不喜欢人类，尤其是跟一只连自己的人类家庭成员都不喜欢的狗狗生活在一块却是极其困难，甚至是相当危险的。所以对人类友好才是更为重要的狗狗品质。

如果一只狗狗对其他的狗狗都很友好的话，那么它就能有充足的机会在散步的路途中或在狗狗公园里结识许多其他狗狗，并跟它们一起玩耍，这真的是一件很棒的事。不幸的是，郊区的狗狗很少会被带出去散步，甚至也没有机会跟其他狗狗交往。对于许多狗狗的主人来说，对狗狗友善根本不是最优先的事项。另外，如果主人认为狗狗对其同类友善是重要品质的话（事实上，这是他们养狗的一个主要原因），那么他们就会经常带狗狗出去，因而它们长大后就有可能跟其他狗狗友好相处。尽管如此，对人友善仍然要比对狗友善要更为重要，因为每天带它们出去溜达的时候，它们会遇到很多陌生人，而且常常会遇到孩子。

大多数的幼犬训练班是以家庭为导向的，因而爱犬有机会跟各种各样的人交往——男士、女士、尤其是孩子。接下来就会有训练游戏。你肯定会感到十分震惊，幼犬竟然在第一节课就学到了这么多东西。狗狗学会了根据要求走到人的身边、坐下、躺倒，被检查时能够站直和翻滚，要聆听主人的话并且忽视其他的干扰。另外，幼犬训练班绝对会让你感到十分震惊。你永远都不会忘记狗狗待在班里的第一个晚上。无论是对于你还是对于狗狗来说，幼犬训练班都充满了挑战性。

请记住你参加幼犬训练班也是为了你自己能够学到东西，你仍然还有许多东西要学。你能够学会大量关于如何解决狗狗行为问题的有用提示，还能够学会如何控制狗狗青春期时会遇到的各种骚动行为。但最为重要的是，你将学会如何控制幼犬的啃咬行为。

参加幼犬训练班的最终原因

参加幼犬训练班的第一个理由就是给幼犬提供机会，让它学会控制自己的啃咬行为：爱犬啃咬你的次数是否太多，啃咬的力度是否也比你所希望的要更大；它是否经常不必要地进行啃咬，从而无法建立稳定的啃咬控制力等等。幼犬间的玩耍能够解决上述问题。其他幼犬是爱犬最好的老师。它们会说："如果你咬我太用力的话，我就再也不跟你一块玩儿了！"正因为幼犬们想要无时无刻地玩闹，所以一旦其他幼犬不愿意跟爱犬咬着玩儿时，它就会学着去控制自己的啃咬行为了。

年龄相仿的幼犬在训练班里一块玩耍，它们会变得异常兴奋，跟打了鸡血似的到处相互追赶打闹，这与同龄的孩子在一块产生的效果基本是相同的。每只幼犬都会刺激其他的幼犬进行追赶和打着玩儿，以至于幼犬间玩耍时啃咬的频率会高得惊人。另外，正因为每只幼犬都想刺激其他的同伴，玩耍时所用的力气以及咬着玩时的力度会快速增加，直到有一只幼犬用力过猛地咬了另外一只，而被咬的狗狗立刻跑开不再和它一起玩耍。幼犬的皮肤是相当脆弱的，所以当被用力过猛地咬了之后，它们很有可能立刻给予反应，而这种反应能够让幼犬学会控制啃咬力度。事实上，幼犬在幼犬训练班待上短短一个小时所获得的反馈要比在主人家里待上整整一个星期所获得的还要有用。除此之外，幼犬对于其他狗狗的啃咬控制力很大程度上都可以普遍适用于人的身上，这样就使得在家里训练幼犬并对其加以控制变得容易些。

正如之前所提到过的，即使是社会化程度很高的狗狗也会偶尔和其他狗狗或人产生不合而发生斗殴事件。但是正如我们人类已经学会如何以一

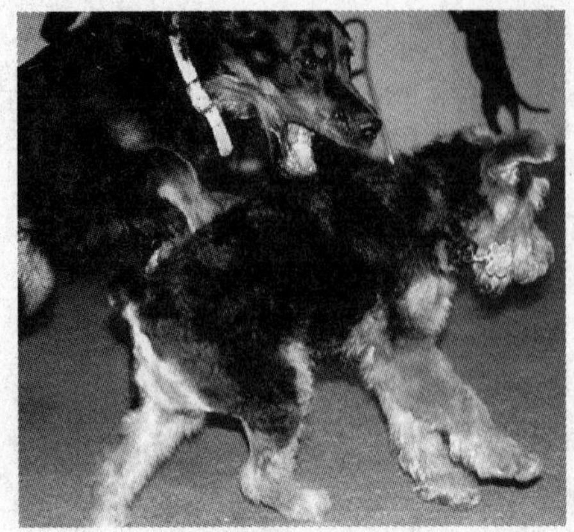

其他的幼犬是教爱犬学会控制自己啃咬行为的最好的老师。幼犬四个月大的时候，其玩耍基本上完全由相互追赶和啃咬构成。但是，一定要记住要经常去检查一下爱犬，防止它失控。每隔15秒钟就去打断一下幼犬的玩耍，拉拉它的项圈、让它安静下来或者指导它坐下来，然后再允许它继续玩耍。请记住，你是希望自己的幼犬长大后既有社交能力又能被掌控，可不是让它长大后成为一只不受控制、过分活跃的“狗来疯”。

种能被社会接受的方式来解决彼此之间以及和我们的狗狗之间的矛盾，而并不是非得伤筋动骨，因此接受过社会化训练的狗狗也能如此处理。尽管期望狗狗永远不发生小争小吵是不太现实的，但是你完全可以指望它们即使有争斗，也不会真的有大麻烦。这就要完全取决于它们在玩耍中啃咬其他幼犬时所习得的啃咬控制力的强弱了。所以立刻给爱犬报名参加幼犬训练班吧。训练它啃咬的时候要轻柔，这样人们再听到它的汪汪叫声也不会再感到害怕了。

“兽医说我们的幼犬太小，不能参加训练班”

兽医们会关心病患的身体健康，这一点是可以理解的。一些普遍且严重的传染性疾病，如细小病毒症和犬热病对于幼犬来说是一大祸患，所以它们就得接种一系列的疫苗来建立强大的免疫系统。幼犬三个月大的时候，免疫力水平只达到了 70%~75%，所以你不得不担心它们仍然有被感染的危险。但是幼犬培训班的教室是相当安全的地方，因为只有接种过疫苗的狗狗才能来上课，并且地板也是经常清洗和消毒的。况且，幼犬的身体健康只是它生活的一部分，心理及行为健康也同等重要。

幼犬被感染的危险大小取决于它自身免疫力水平的高低以及周边环境传染性的强弱。幼犬的免疫力会随着持续不断的疫苗接种而增强，等到它五个月大的时候，免疫力水平会高达 99%。不同环境的安全系数也各有所异，有的相对安全，有的却十分危险。但是没有哪种动物能够对疾病有 100% 的抵抗力，也没有哪种环境是 100% 的安全。

如果只关心幼犬的身体健康的话，那么我建议直到它们至少五六个月大之前都不要放它们出去到那些可能被感染的地方冒险。但是幼犬的行为和性格是否正常，啃咬控制力是否良好，以及精神是否健全，和身体的健康与否是一样重要的。美国每年每家兽医诊所里平均有五条幼犬是死于细小病毒症，然而却有几百条的幼犬由于行为和脾性的问题而被安乐死。事实上，在幼犬一岁这个阶段，行为问题是最为常见的狗狗“绝症”。正如成长中的幼犬需要接种疫苗来抵抗疾病一样，它们也需要社会的及教育的“疫苗接种”来治愈行为及脾性方面的毛病。为了全面的健康，幼犬必须得接种疫苗来抵御疾病，但是它们也得尽快地走出去，到处溜达溜达，去逛逛狗狗公园和参加幼犬训练班。

幼犬的年龄越大，它的免疫力就越强。尽可能把狗狗藏在最安全的地方——家里，但是随着年龄的增长，它也要去一些不太安全的地方冒冒险，比如说幼犬训练班。一旦你的狗狗已进入了青春期，免疫系统完善之后，你再让它去人行道、狗狗公园、兽医诊所的候诊室和停车场这些原本很危险的区域，也不会那么不安全了。

幼犬总是处在危险中，这是悲哀的事实。比如说，携带着细小病毒症的干粪便可能会被风刮起而落到你的花园里或家里。或许一名家庭成员踩到了有病毒的大小便，然后使得家里到处都被沾染上了病菌。所以每个家庭成员每天都要保持良好的卫生习惯，把外出的鞋子放在外面。对于幼犬来说，最安全的地方就是室内以及圈起的后院。在三个月大之前就让它一直待在最安全的地方吧。没到三个月大的时候，幼犬在安全的家中也有一些家居礼节要学习和掌握，并且要抓紧进行社会化方面的训练。其他相对安全的地方还包括你的车内，其他家人及朋友的家里和圈起的后院。所以在这些地方可以放手让爱犬去自由并安全地探索这个世界，但是要记住，从家门口到车厢里的这段路你得抱着它。

正像我之前已经说过的那样，室内的幼犬训练班的环境还是相对比较安全的，但我仍然建议你在车和训练班之间的这段路程中要抱着幼犬。幸运的是那些有时会有免疫力方面问题的品种狗狗，比如说罗威纳犬和小多比狗狗，它们发育都很慢，推迟到四个月大的时候再开始参加幼犬训练班也没有什么大碍。事实上，我更喜欢那些体型较大，生长较慢的狗狗，它们可以四个月大的时候再开始接受幼犬训练课程，这样的话狗狗在训练班的期间就可以顺带解决它们青春期的问题了。否则的话，如果一只狗狗长得比较快，三个月大的时候就参加了幼犬训练班，四个半月大的时候就已经毕业了，主人仍然会误以为自己是跟一只“混世小魔王”生活在一块。

同样的我还建议，在幼犬四个月大之前都不要带它去那些其他狗狗经常去的地方散步，如狗狗公园或其他公共场所。在带它去公共场所之前，你可以拉着链子带它在房子和院子周围逛逛，另外别忘了经常邀请他人来家里做客。

“我们的幼犬跟家里的另外一只狗狗相处得很棒”

爱犬对家中的另一条狗狗来说可能是位交际达人，但是当你把它独自带出去的时候，比如说去大街上溜溜，去逛逛狗狗公园或者去参加训练班，那时你就会大吃一惊。你很快就会发现它根本就没有被社会化。相反的，它倾向于逃跑、躲起来甚至出于防范地乱咬乱叫。在家的时候，爱犬看似交际能力很强而且十分友好，但是它只对某只狗狗如此。另外，它可能过分地依赖着那只狗狗，所以当它第一次独自外出的时候，它就会感到不安，怀念家中的另一只狗狗所给予的安全感和陪伴，因为它是自己最好的朋友和保镖。

幼犬和家中的其他狗狗相处得好是件很棒的事，但是还要学会如何跟其他的陌生狗狗相处，幼犬还得在幼犬训练班上、溜达的路途中以及狗狗公园里去结识陌生的狗狗。

在纽约曼哈顿的一个狗狗训练班里，训犬师正在用漏食球当作引诱和奖励来训练幼犬坐下。

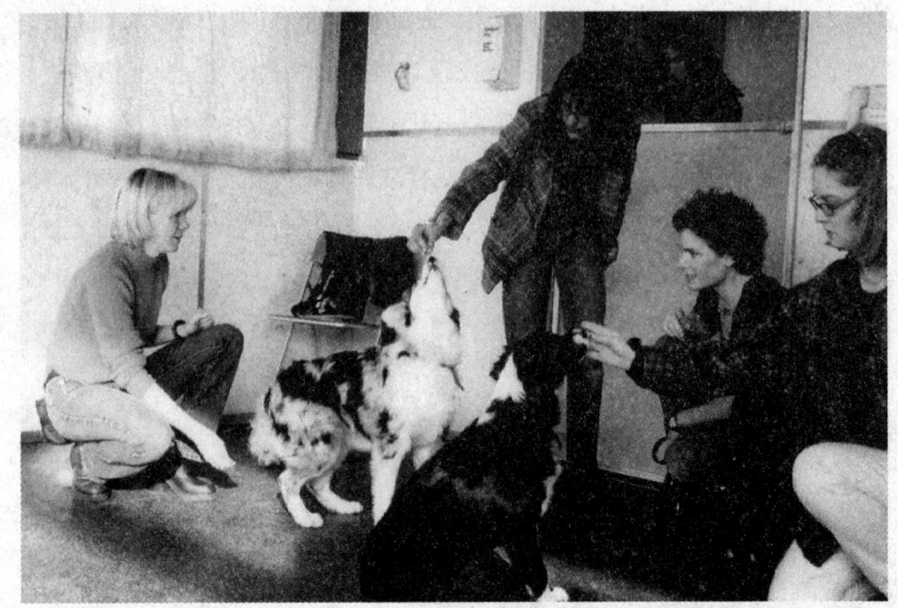

在加利福尼亚州，奥克兰市的天狼星幼犬训练班里，玩耍中的幼犬正在接受有规律的“坐下”及“安静”的训练。

社会化的训练需要狗狗去结识许多同类。要想一只被社会化了的狗狗一直具有社交能力，就得让它每天去结识陌生的狗狗。所以去溜溜你的狗狗吧，经常带它去逛狗狗公园，并且确保让它参加幼犬训练班。

寻找幼犬训练班

关于如何寻找幼犬训练班，我有话要说：不要去找那些会使用金属项圈或者会体罚狗狗的幼犬训练班，因为这些会吓坏爱犬，并且会对它造成伤害，让它感到疼痛。强迫训练法、皮带训练法、抓摇法、“谁是老大”训练方法以及主宰训练法现在都已被大家公认为是没有效果的训练法，而且还会使狗狗产生抵触心理，说不定会适得其反。可喜可贺的是，这些过时的方法总体上都不再使用了。

请记住，你训练的不是别的什么动物，而是你的爱犬！它的教育问题、安全问题以及健康状况都掌握在你的手中。优秀的幼犬训练班多得是，找不到最好的你就不要罢休。

去找那些能够给幼犬提供机会，让它去掉链子和其他幼犬一块自由玩耍的幼犬训练班。在那儿，幼犬在玩耍的过程中会被经常性地打断，也就是至少每隔 15 秒钟让它们停下来一次。训练中会使用到玩具，狗狗还会得到奖赏，这样才能寓教于乐。松开链子来玩耍对幼犬来说是相当重要的，但是同样不可忽视的是，在玩耍的过程中必须得有短暂的训练插入，这样主人可以在幼犬兴奋和受到干扰时去练习如何控制它。去找那些能够让幼犬快速学习，而且它们的主人对其学习进程满意的幼犬训练班。最为重要的是，要去找那些能够让幼犬得到乐趣的训练班！

既然你是裁判，那就要明智地作出判决。选择一个合适的幼犬训练班是你最重要的决定。

要想得到一份你所在的地区里合格的宠物狗狗训练员的名单，你得联系宠物狗狗训练员协会。

08

第六阶段的训练

外面的世界真精彩

到目前为止，你应该已经被狗狗弄得焦头烂额了吧。可是通过自己的努力，狗狗变得脾性温顺，举止得体，高度社会化且攻击有度，自控力强，你应该感到非常自豪。接下来你又要面临新的挑战：如何让狗狗的表现始终如一呢？

狗狗在幼年期最需要你的精心照养，如此它们才能变得温顺有加，自信满满。有了这些做保障，你才能轻松应对狗狗在迈向成年的过程中可能出现的行为问题和训练挑战，同时你的狗狗尤其是雄性犬也能更好地应对成长过程中出现的各种变化和挑战。经验告诉我们，一只训练有方、高度社会化的幼犬更容易平安过渡到成年期。倘若你对这一阶段（从幼犬过渡到成年期）不甚了解，甚至一无所知的话，维持狗狗的社会化以及日常训练将会变得非常棘手。

狗狗度过青春期时可能出现的变化

在青春期，狗狗的表现时好时坏，并不稳定。尽管如此，训练一定要坚决执行。只要你坚持训练，情况总会好转；一旦你半途而废，状况只会更糟。在这一时期，无论狗狗的表现是好还是坏，它的行为和脾性会逐渐固化并延续至成年期。一般来说，小型犬在两周岁时成年，大型犬则为三周岁。即便是你的狗狗已经顺利度过青春期，你一不留神，它的脾性、举止仍然有可能发生较大的改变。因此，你必须时刻警惕那些“潜伏”在狗狗体内的不良行为和品性，在它们成为顽疾之前尽早除去。

要想让狗狗顺利度过青春期，你必须要坚持训练直至狗狗成年定性。否则，之前的一切训练都会白费。青春期对狗狗定性至关重要。在这一时期，一旦你对狗狗的训练变得懈怠，它很快就会变得举止不当、不谙社交、躁动不安。以下问题你应当警觉：

倘若你忽略了对狗狗的日常训练和对其良好行为的适时褒奖，它们只会越来越不守规矩。在狗狗幼年时期对其进行合理训练将会有效遏制这一状况。只有当狗狗迈向老年，训练对双方都是一种折磨时，这种遏制效果才没有那么明显。

在狗狗度过青春期时，连平日里一些最基本的行为也会受到严峻挑战。早些时候，引诱或奖励训练对你来说小事一桩。在狗狗心中，你就是它的星星、月亮、太阳，它的一切。只要你发出指令，它会立刻依令跑步前来、随行、坐下、躺下、站立、打滚儿或抬头专注而不失敬意地望着你。而今，你的地位再不如前。像所有的成年犬一样，你的狗狗有了新的兴趣点。比如说：迷恋同伴的臀部，嗅嗅草地上的大小便，在脏兮兮的垃圾上打个滚儿或者追逐小松鼠。这些兴趣爱好使得它们在训练时容易分心，以至于当你呼唤狗狗前来时，它可能无视你的命令，继续专注地嗅着同伴的臀部。（太可怕了，和主人相比，你的狗狗居然更钟情于狗屁股！）你可能会有这样的感觉：短短几天，你的狗狗就变成了一个“问题少年”。它不听命令，整日里上蹿下跳，拉拉扯扯，躁动不安。

随着狗狗年龄的增长，犬齿日趋锋利。此时，啃咬控制力日趋下降。为了确保你的狗狗不会随意咬人，请注意：给予狗狗足够的时间和同伴嬉戏打闹；亲手给狗狗适当的奖励；定期检查、清洁犬齿。

狗狗逐步迈向成年，它们的社会化程度会日趋下降，有些时候情况甚至非常糟糕。随着狗狗渐渐长大，它们接触到陌生人和犬的机会却越来越小。在狗狗已经五六个月大时，曾经盛极一时的犬友会早已被淡忘，而大多数主人们也早已形成了固定的驯养模式。在家时，狗只能接触到主人一家和几个熟人；要是有幸得以外出散步的话，它们也只能每天走着同样的路线，遇见同样的人和犬。长此以往，它们只会越来越去社会化。除了自己生活的小圈子以外，它们非常惧怕与陌生的人和犬打交道，甚至到了不能容忍的地步。

如果你很少带着狗狗外出散步，也没有陌生人前来拜访的话，那么这种去社会化的过程将会相当迅速。你会惊讶地发现：刚满五个月时，它还是社交界的宠儿，终日里摇着尾巴讨人欢心；等到八个月大时，它已经自信不足，防卫过度了。遇到生人来访，它会据守一方，怒发冲冠，大声吠叫，随时准备扑咬进攻。几乎没有任何征兆的，原先那只温顺有礼的狗狗不见了，取而代之的是一只惊吓过度的疯狗。

幼年期的社会化训练揭开了青春期狗狗后续社会化训练的序幕。早前的努力使得现在的训练令人愉快又不失安全。即使到了青春期，狗狗也必须经常接触新人新事。同样的道理，青春期阶段的社会化训练能够保证成年犬的社会化训练更加安全、愉悦。也就是说，社会化训练是一个循序渐进的过程，必须坚持到底。

在青春期，狗与狗之间（尤其是特大型犬和特小型犬）的互动交流也会显著减少。原因有三：首先，教会狗狗如何与同类打交道并非易事。犬科动物如狼、郊狼、豺等喜群居，讨厌外来者。然而人类驯养家犬的目的之一就是要改变这一习性，让狗狗学会讨好生人。其次，让狗狗与所有

狗狗步入青春期以后，定期带着狗狗去公园散步是保证它继续社会化最有效的手段。

狗狗交善并不现实。人与人之间有亲疏远近之分，狗与狗的相处亦是如此。犬与犬之间可能是朋友，可能是泛泛之交，还有可能天生就是对头。再次，两犬相遇，必有一争。这是再自然不过的了，且在雄性犬之间尤甚。实际上，从未卷入过争斗中的雄性犬早已是“珍稀动物”了。也许对于幼犬来说，在公园里或训练课上小打小闹只是一件稀松平常的事。然而对于处在青春期的狗狗而言，这些寻常的嬉戏、模拟争斗就逼真得不像是游戏了。

不出意外的话，狗狗在青春期的首场争斗将标志着它在同类之间社会化进程的终结。这一规则尤其适用于特小型犬及特大型犬。对于小型犬而言，考虑到安全问题，主人们理所当然会尽量避免它们与大型犬嬉戏玩耍。长此以往，这些小型犬就会逐渐丧失交际能力，愈发的态度恶劣，狂躁不安。类似的，对于大型犬（工作犬尤甚），主人们也会尽量避免它们与小型犬接触，以防止误伤对方。长期如此，这些大型犬也会逐渐丧失交际能力，变得愈发态度恶劣，躁动不安。实际上，此刻你的狗狗正面对着一个恶性循环：你越是不让狗狗接触外面的世界，它们就越具有攻击性，自然也就会更加地去社会化而抵触外面的世界，如此循环往复。

你刚带着狗狗去公园散步的那几回，它可能会有点儿害怕。也许它会躲藏至隐蔽处或者寻求你的抚慰，这些都很正常。除非是你的狗狗遇上了安全“隐患”，你才可以立刻将它抱走。不然的话，就尽量让一切顺其自然。当你的狗狗因为害怕而试图躲藏时，不要以抚慰狗狗的方式过分干预这种行为。相反，你应该耐心等待，在其他人或狗将狗狗“诱拐”出来之后，再特别开心地表扬狗狗。

“它总是斗个没完！恐怕是要将同类杀个精光才肯罢休！”

对于旁观者，尤其是在这个旁观者就是狗主人的情况下，犬与犬之间斗得鸡飞狗跳、哀号不断，着实有点吓人。实际上，没有什么能比一场狗与狗之间的较量更让狗主人闹心了。然而，作为主人，你必须要客观对待一场争斗的严重性。否则，出于对狗狗的过度保护，你可能会影响到狗狗的社会化进程。在大多数情况下，狗与狗之间只是在进行一场形式固定，相对安全的模拟打架游戏，它们的力道、分寸往往拿捏得十分到位。此时，只要主人们应对得当，问题就能得到妥善解决。相反，要是主人们大发雷霆，迁怒于狗狗的话，问题只会更加严重。

对于犬类来说，尤其是处于青春期的雄性犬们，摆好进攻姿态，盯着对方，咆哮，龇牙咧嘴，扑咬或是进行一场恶斗，是再寻常不过的了。这些行为并非不当行为，而是犬类日常生活的一部分。咆哮、打斗这些行为又反映出了狗狗内心深处不自信的一面。设想一下，狗狗们在遇到争议时总不能像人类一样，写封信数落对方或者打电话通知律师来处理吧。其实，只要给予狗狗足够的时间和社会化训练，它就会逐渐建立起自信，不再需要通过不断地战胜对手来证明自己。

主人们必须弄清，一只好斗的狗算不上危险（正如爱叫的狗不咬人是一个道理）。有些狗争强好斗让人头疼不已，着实令人讨厌，但这并不表示它们真的想要伤害对方。要知道，狗狗在生长发育时期，咆哮几声、打闹几下是正常行为。只有“问题狗狗”才会恶意伤害同类。因此，下一次狗狗再要打斗时，你也要一如既往地支持它、信任它，帮助它完成社会化进程。

这时，你需要弄清问题的严重性。接着，你需要在狗狗打斗时应对从容。当狗狗停止争斗时，你要给予狗狗适当的回应。

要想了解狗狗是否行为不当，你需要参考一个指标：攻击致损率。要想获得这一数据，首先得弄清两个问题：这段时间狗狗参与了几次“打架事件”？在这些争斗中，有几次直接导致对方狗狗受伤？获得这些数据之后再取两者的比值，这样就得到了攻击致损率。

对于狗龄一至两岁的雄性犬来说，10∶0 的攻击致损率是一个比较健康的数据。这也就意味着，在 10 次“遭遇战”中，对方狗狗无一受伤。如此，我们就能断定狗狗没有行为问题。要知道，只要狗狗下定决心攻击对方，就一定会发生“流血事件”。显然，10∶0的攻击致损率足以表明我们的狗狗无意伤害他人。而且，仔细观察你会发现，在每一次打斗中，狗狗都严格遵守了标准犬斗规约。它们很少会攻击对方的口鼻、颈脖和头部。没有什么比在一场激烈的打斗中做到轻咬对方的咽喉软组织而不至于伤害对方更能体现狗狗的啃咬控制力了。

这样的一只狗与危险沾不上边儿，只不过在一群举止得体的青春期雄性犬衬托下，它显得不太循规蹈矩罢了。的确，它好斗得不让人省心，可是它具备超强的啃咬控制力（这种习惯是在幼犬时期形成的），从未伤害过同类。10∶0的攻击致损率也足以说明狗狗惊人的自控能力，绝无伤害同类的可能。

狗狗打斗的确不是什么好事，尽管如此，我们依然应该积极看待。只要狗狗未曾伤害过同类，每一次的打斗只会增加你的信心：它严格控制着自己的啃咬行为。虽然可能还会存在缺乏自信或者举止失仪之类的问题，但至少，它不会伤害对方，那就算不上“恐怖分子”。要是这样的话，问题就能得到轻松解决了。当然了，无论是对你还是对其他的人或犬来说，它依然是行为嚣张，就急需接受再训练来矫正不当行为了。

要是你的狗狗已经多次严重咬伤对手的四肢和腹部，问题可就严重了。这只狗不能有效控制自己的啃咬行为，是个地地道道的“恐怖分子”。除非戴上口罩，否则它不应该出现在公共场合。狗狗出现这样的问题，治疗前景并不乐观。治疗过程复杂，不仅耗费心力，而且毫无安全保障。期间，你还需要专家的指导。即便如此，也不能保证会有效果。在所有犬类行为问题的处理方法当中，只有这类问题的矫正过程最能体现早期预防与后期治疗之间的差异。

一般来说，在幼犬成年之前，就需要对其进行啃咬控制训练。否则，等到幼犬成年之后，再想矫正其不当行为就非常困难了。相反，要是早在

犬科动物之间通过互嗅臀部的方式打招呼。解读完对方的气味信息之后，狗狗们会嬉戏打闹一番。每一次你的狗狗主动向同类示好时，你都要表扬它一下，千万别忘了。不知道什么时候，也许是一个月，也许是一周之后，你的狗狗就会迎来人生中的第一次战斗。要是不想让它卷入战争的话，你一定要在它能和同类友好相处的时候，非常开心地表扬它。

狗狗幼年期就积极预防的话，想要它变得温驯有礼就非常轻松愉快了。你要做的就只是经常带着狗狗参加培训课程或者逛逛公园之类的。不要等到狗狗真的打架了，才告诉它自己不喜欢这种行为。你应该防患于未然，每一次当狗狗向他人示好时都要给予适当的表扬和奖励。你一定认为那只四个月大，表情无辜，还在蹒跚学步的小萌犬生来就不具攻击性，再要费心奖励吃食显得有些多此一举吧。但是，这样做的确能够有效预防青春期狗狗的攻击过度问题。

通往青春期的成功之路大揭秘

只要狗狗选择了正确的排便地点，你就应该给予它适时的表扬和一定的食物奖励。在狗狗的排便区附近放上一盘食物来转移它的注意力，这样你就能够在第一时间清理便便，而不至于便宜了那些苍蝇“宝宝们”。记住了，你的目标不仅是要让狗狗心甘情愿地到指定地点排便，而且还要给它足够强烈的驱动力，即便是对那些面临大小便失禁问题的老龄狗亦是如此。

同样的，每天给狗狗玩一次填充食物的空心磨牙玩具也能够有效预防它的不当行为。尤其是当你的狗狗独自看家时，它需要一些活动来打发漫漫长日。这时候，几个填充食物的空心咀嚼玩具就能妥善解决狗狗诸如破坏家具、过度吠叫、躁动不安、压力上升、焦虑增加等问题。恐怕没有什么比这些玩具更有效了。

狗狗一旦跨入青春期。再想让它保持温驯和顺的秉性，就必须要结合狗狗喜爱的日常活动，如散步或是做游戏，适当穿插一些简单的训练科目（包括急停坐下、长期坐定）。只要方法得当，要想狗狗在青春期依然举止得体并非难事；但若方法不当，则另当别论了。具体细节请参考 169 页的“遛狗训练”章节以及 184 页的“生活无处不训练”章节。

可能有一天，你的狗狗社会化进程中断，它出于自卫而与对手扑咬厮杀。首先你应该庆幸自己事先让狗狗接受了啃咬控制训练，才没有造成严重伤亡。同时你也应该意识到调整社会化训练和赶在打斗事件再次发生之前（一定会有下一次的）继续啃咬控制训练的必要性。你需要不定期地进行啃咬控制训练，定期检查狗狗的口鼻和犬齿（有时候需要清理一下）以及适时对狗狗的优异表现进行奖励。

要想让狗狗在进入成年期后依然保持高度的社会化，你需要至少每天遛一次狗，每星期带着狗狗去几次公园。散步路径和公园的选择最好多样化，这样你的狗狗就能接触到不同的人和犬。社会化训练旨在提高狗狗与陌生人或犬交往的能力。因此，只有通过不断地接触新人新犬，狗狗的交际能力才能提高。每一次当你的狗狗主动向陌生人、犬示好时，你都要记得表扬它并给它食物作为奖励。

当然，为了保证你的社交生活一如既往的丰富多彩，你每星期至少需要邀请朋友到家里做客一次，要是他们能顺便带一些新朋友过来就更好了。

这样，狗狗在不断接触你的新老朋友的同时，也接受了很好的社会化训练。

举办一些狗狗派对，邀请狗狗在培训班还有公园里结识的同伴参加。不要让狗狗因为一些潜在的威胁而对外面的世界望而却步。这些威胁主要来自于一些成年犬、大型犬，偶尔也会来自于那些桀骜不驯的狗狗。为了消除这些潜在威胁的影响，一定要保证狗狗能够经常与自己的“圈”中好友交流玩耍。

遛狗

等到你的狗狗能够在外面照顾好自己了，就带它出去散步吧！要经常去哦！无论是出于提高狗狗社交能力的考量，还是想要对它进行一些日常训练，遛狗都是最佳选择。这样的散步不仅能让狗狗接受全面的训练，同时也有益于你的身心健康。去遛遛狗吧！试着在狗狗的项圈上系一个粉色蝴蝶结，看看有多少路人会因此对你含笑致意，而你自己又因此结识多少新朋友。其实，狗狗的社交活动将大大丰富自己的社交生活。

带着狗狗一起散步不但是提高狗狗社交能力和训练质量的不二选择，同时主人也会得到最好的锻炼。

遛狗训练

如果你没有自己的庭院或者花园，那么在散步之前一定要先让狗狗解决排便问题。如此一来，狗狗就会认为散步是对自己在正确的时间做了正确事情的奖励（这里是指狗狗能够在指定地点排便）。要是不这么做的话，一次令人愉快的散步就很有可能因为途中狗狗随地大小便而被迫中断，最终以狗狗受责罚收场。这样的话，下一次散步时，狗狗很有可能为了延长散步时间而推迟排便了。

但愿不要有那么一天：你需要借助周围的植物枝叶或随身携带的支票簿来处理排泄物。

记得提前准备好一个塑料袋，用橡皮筋系在牵引绳上以备不时之需。

在每次散步之前，要重点监督狗狗在庭院里或者自家门前解决好排便问题。对狗狗来说，散步是对它按时“高效”排便最好的奖励。

给狗狗系上牵引绳，领着它出门。接着，你就站在那儿，任凭狗狗自己绕着圈儿地四处乱嗅。给它三分钟时间排便，要是三分钟之后它还是毫无作为的话，就带它回家。过一会儿再试一次。在此期间，给自己的狗狗“关禁闭”作为对它的惩罚。要是狗狗能够在规定时间内顺利完成任务，你就要大大地表扬它一下，顺便给它点儿食物作为奖励。奖励过后，轻唤一声：遛狗去喽。再带着它散步。你会发现，只要自己坚决执行“不排便就不散步”的政策，很快狗狗就能养成按时“高效”排便的好习惯。

教会狗狗在散步之前解决排便问题好处多多。比如说：在自家门口处理便便总比在途中清理要方便得多。试想一下，当你走在路上，一边为狗狗随时可能发生的排便行为而提心吊胆，一边还得抱着各式各样的工具（塑料袋，小铲等处理便便的工具），过程不可谓不艰辛。倒不如提前解决了排便问题，这样狗狗和主人也就都能够轻装上路了。

散步途中的社交训练

散步时要做到走走歇歇，不要显得过于匆忙。要给狗狗足够的时间来观察周围的环境，这样它才能更加放松。每次休息的时候，准备一个填充食物的磨牙玩具来帮助狗狗迅速坐定，恢复平静。

无论何时都不要忽略了对狗狗的情绪控制。外面的世界虽然很大、很精彩，但不时冒出的几个意外“惊喜”也足以让你的狗狗担惊受怕了。最好的解决办法就是将这些意外“惊喜”扼杀在摇篮中。在散步途中解决狗狗的晚餐问题能够帮助它对中途遇到路人、狗狗以及交通工具这类事情留下好的印象。每一次有小汽车、大型卡车或者是发动机轰鸣的摩托车从狗狗身边疾驰而过时，就喂它一小块食物。每一次有同类或者路人从它身边经过时，多喂它几块食物。当你的狗狗主动向路人或同类示好时，适时地表扬它并给予它适当的食物奖励。一旦有小孩儿路过时，只要狗狗应对从

记得在散步中途停下来休息几次。这段时候，你可以坐下来看看报纸，狗狗则在一边坐定，打量周边的环境。

容，就立刻表扬它并给它很多的食物作为奖励。遇上有孩子踏着滑板或骑着越野摩托车从狗狗身边呼啸而过时，为了安抚它，你需要给它一整袋食物作为奖励。

要是有路人想要和你的狗狗打个招呼的话，首先你要示范一下如何用食物“贿赂”狗狗前来坐下。告诉路人只有当你的狗狗服从命令并向他示好时，才可以给它一些食物作为奖励。从一开始，你就要教会狗狗坐着问候他人。

狗狗五个月大时，正是从幼年期迈向青少年期的起步阶段。期间，你会发现狗狗的“蛮力”增长惊人，每一次拉拽行为背后都负载了近 10000 磅的力道。导致狗狗拉拽的原因有很多，比方说：头犬位于最前排，视线范围最广；狗狗有时会通过拉紧皮带的方式来了解主人的意图，以期获得额外的自由活动时间或者吸引主人的注意等。犬类生来就喜欢做拉扯皮带的游戏，而我们在日常生活中却纵容了这一行为。每一次皮带被拉紧的过程，都是狗狗通过拉扯皮带争取到更多机会去了解变化多端、精彩纷呈的外部感官世界的过程。在这一过程中，狗狗每迈出一步，拉扯行为就得到进一步加强。

以下的“三要”“三不要”能够帮助你训练狗狗在散步的过程中逐渐适应皮带的约束。

一要：从一开始就要给狗狗套上皮带，训练狗狗适应套着皮带在家中和庭院散步。等到它足够大时，再带着它去户外散步。

二要：当狗狗与你走在同一侧时，将休息时间由15~30秒调整至1分钟左右，这样，狗狗就有足够的时间东闻闻西嗅嗅了。通过允许狗狗东闻西嗅，来进一步强化狗与主人同侧随行这一行为。

三要：你可以试着提前让狗狗做拉扯皮带的练习。如此一来，拉扯皮带不但不会成为散步途中的障碍，反而会鼓励狗狗在散步途中与主人同侧随行。交替进行拉扯皮带散步练习和紧随散步练习，在我自己的爱斯基摩犬身上收到了很好的效果，而且我的狗狗也十分认同这种训练模式。此外，遇到需要爬陡坡，拉雪橇、手推车或滑板的情况，这样的训练足以让狗狗从容应对。

一不要：别等到幼年期之后才开始对狗狗进行套着皮带的户外散步训练。否则，你和狗狗之间的拉扯行为一定会惹得路人发笑的。

二不要：别指望进入青春期的狗狗（成年犬）在散步途中会紧随自己，一刻也不放松。它们很快就会意识到，一旦自己选择了跟随主人，就没有多少时间来东闻西嗅了。慢慢的，它们会愈发不乐意跟着主人，而对破坏自己游玩兴致的主人和训练也会日渐反感。

三不要：不要让你的狗狗来决定何时进行拉扯皮带散步练习。你可以将“红灯停，绿灯行”的法则运用到训练中。当狗狗因为淘气而拉扯皮带时，立刻中止散步。等到它安静下来，不拉扯皮带而是乖乖地坐下时，你再带着它继续上路。

“红灯停，绿灯行”法则

对于大多数狗狗来说，除去能和同伴一起在公园嬉戏玩耍之外，天底下最大的奖励莫过于和主人一起散步了。只要一想到散步，它们就会忍不住的亢奋，而每一次的散步又只会令它们的亢奋度有增无减。更糟糕的是，随着散步过程的深入，狗狗拉扯皮带的力道会进一步增强。实际上，你前行的每一步都在强化狗狗的拉扯行为。值得庆幸的是，除去这些消极影响，散步同样有助于提高狗狗的自身“修养”。

在带着狗狗出门之前，你可以教它一些出门的规矩。在发出指令“遛狗去，遛狗去，遛狗去喽！”之后，在狗狗面前晃一下牵引绳。这个时候，大多数犬类都会表现得相当亢奋。你要做的就是站在一旁，等待狗狗平静下来坐定。在狗狗的散步计划被你打断之后，它一定会对你的意图有所怀疑，只是目前它还不太确定罢了。为此，它很有可能会拿出自己全套的看家本领，做出各种富有创意的举动来回应你。常见的举动包括：狂吠，用乞求的眼神看着你，跳起、躺下、打滚、用爪子挠你、围着你转圈儿。当它作出以上举动时千万不要理睬它，除非它肯乖乖地坐下来。时间不是问题，折腾久了它自然会安静下来坐下。等到它真的静下来了，表扬它一句“好狗狗”，然后系上牵引绳。这个时候，狗狗肯定会再一次情绪失控。你只需要像上次一样站在一旁直到它再次安静下来。等它恢复了平静，再次表扬它是只“好狗狗”。接着，向门边迈一步，站定直到狗狗恢复平静。以后每向门边靠近一步，都要停下来等狗狗坐下后再继续。在你开门之前，先命令狗狗坐下。等到狗狗刚一出门，再次命令它坐下。第一回合结束之后，带着狗狗返回室内。松开牵引绳，再次命令它坐下，接着重复上一回合的动作。

狗狗们喜欢这样的训练游戏。很快它们就会意识到：一旦它们做出了绿灯行为（坐定），你就会继续带着它们散步；一旦它们做出了红灯行为（除坐定之外的其他行为），你就会停止前进。

避免在无意识中触碰狗狗的兴奋点

在上面的练习中，要是每走一步，都能使你的狗狗兴奋异常的话，不难想象要是继续走下去会给它带来多大的刺激。遇到这种情况，我们建议你在训练过程中能够做到循序渐进，每次向前一步之后就站定，等到狗狗恢复平静后再迈出下一步。当然了，要是赶时间的话，这样的训练方式并不合适。挑一些不急着赶路的时段，以便你在途中能够悉心教导狗狗如何在牵引绳的引导下散步。

随着练习的深入你会发现，狗狗坐定所需要的时间在逐渐缩短。与此同时，每次出门它也一次比一次淡定。反复练习三四次，狗狗就能做到乖乖上路，快快坐下了。

别给狗狗任何暗示来催它坐下，这得让它自己琢磨。要知道，狗狗做出一堆风马牛不相及的行为的过程其实也就是学习的过程。在这个过程中，它明白了什么样的行为是你不希望它去做的。在训练狗狗坐定的过程中你表现得越耐心，它就越能理解什么样的行为是不受欢迎的。在你的狗狗安静下来坐定之后，你给它一些表扬和奖励。这样，它就会明白这些行为是你希望它去做的。

坐卧训练

在散步途中你还可以多次穿插坐卧训练。大约每隔 23 米，你就可以进行一次坐卧训练。具体来说，你可以在每次停下时发出指令“坐下”。当狗狗服从指令坐下时，再发出下一条指令“出发”，继续散步。如此一来，每一次从暂停散步到继续散步的过程就是对狗狗乖乖坐下最好的奖励。

为了强化对狗狗进行的快速坐卧以及姿态变换训练（比如坐—卧—坐—站立—卧—站立训练），两次训练之间的间歇不应超过 5 秒。训练过程中你可以适时地给狗狗一些食物作为奖励。当然了，不给也没有关系，因为对狗狗来说，没有什么比继续散步更有诱惑力了。途中你也可以选用较长的时间间隔，对狗狗进行 15~30 秒的同侧随行训练，或者你也可以选择进行 2~3 分钟的坐卧训练。为了保证训练过程轻松愉快，你还可以为狗狗准备一个填充食物的磨牙玩具。至于你自己，可以带一份报纸。

熟练运用以上训练技巧后，只需要练习一遍，你便能将狗狗训练得举止得体，规行矩步。在散步途中，只要坚持每公里训练 45 次，所有的训练问题便能够一次性解决。举个例子，也许在你最初停下休息的那几次，狗狗依然会激动地忘乎所以，无法平静。可是练习过三四次之后，想让狗狗安静下来就容易得多了。在结束了长达 5 公里的散步活动之后（期间，你大约进行了 225 次的训练），狗狗的表现就只能用完美来形容了。

以上训练方法之所以成效显著，原因有二：

首先，重复性训练能够帮助你坦然面对棘手问题，并着手解决。它能够保证人们有的放矢，紧急问题优先处理。比方说你会遇到这样的情况：狗狗并非不能安静下来，只要它愿意就完全可以做到，只不过需要耗费一点时间，还要看它的心情好坏。这样不稳定的表现远远无法达到你的期望，你希望自己的狗狗能够表现稳健，依令而行。因此，途中你必须按照上面的方法反复训练。这样一来，每一次的尝试只会让你的狗狗更加驯服。到最后，它自然就能够做到随时依令而行了。

其次，大多数主人喜欢在固定的一两个地点训练狗狗。其中，厨房和培训班是最普遍的选择。这样的训练只能保证狗狗在厨房和培训班上能够做到循规蹈矩，举止得当。可是一旦环境改变，如在公园或散步途中时，它们很快便原形毕露了。下面的推断十分合理：由于狗狗只限于在厨房和培训班接受过训练，它们很有可能误以为指令“坐下”只适用于在厨房和培训班。坚持在散步中途进行大约每公里 45 次的练习，你的狗狗很快便能学会随时随地服从指令。在散步途中进行训练，保证了狗狗每一次练习时能够面对不同的外界环境和干扰。你们或穿过宁静的街道，或走过川流不息的人行横道，或经过铺满落叶的小路，或走过广阔的田地，或路过校园，或来到公园广场……这样频繁的环境变换，指令“坐下”就能被逐渐泛化，从而适用于各种场合。

坚持在每次散步途中穿插训练。很快，不管外面的世界有多纷扰，只要你一声令下，狗狗就会忙不迭地坐下、卧倒。更加重要的是，每一次卧倒狗狗都是心甘情愿的。现在它终于了解了：主人命令自己卧倒并非世界末日，更没有终止散步的打算。主人只是想要休息片刻，表扬表扬自己，然后再继续激动人心的散步旅程。

现如今，狗狗一改往日躁动不安的个性，变得愈发举止得体了。自然，无论是走在乡间小路还是繁华的都市大道，散步都能进行得相当顺利。你再也无须临时改变路线，被狗狗拖着四处跑了。

你可以准备一个填充食物的磨牙玩具来“诱惑”狗狗依令坐下或趴下。这样一来，在狗狗玩耍的同时你也可以轻松读报。

车厢内的训练

除了在散步时沿途训练以外，别忘了还要对狗狗进行车内的适应性训练。两者的训练方法差别不大。坚持连续十多天在车中看报纸，同时准备一个填充食物的磨牙玩具以便狗狗在车内接受训练。大约每分钟进行一次姿态变换训练，包括坐—卧—站立的训练；你也可以选择位移变换训练，主要包括在前后座、机箱上的训练以及是否系安全带的训练，（为了让训练相对轻松、安全，要尽量避免在行车途中进行训练。训练过程中务必保持车子静止不动。）等到狗狗能够在车中应对自如时，再重复同样的练习。只不过这一次你需要朋友帮忙开车，在行车途中对狗狗进行训练。反复练习几次后即便是你亲自驾车，狗狗也能轻松应对了。

一旦狗狗能够做到随时随地卧定休息，你就应该多带着它出去走走。记得要带一包零食哦！无论是去城里办事，去银行、宠物商店或玩具店，拜访邻里朋友，还是单纯地闲逛，带上你的狗狗做伴吧。是时候带着狗狗去公园野餐溜达了，它需要更多的散步时间。这时候，你也别忘了随身带些零食。当陌生的人或犬接近时，这些零食可以用作奖励来安抚狗狗。除此之外，你也可以让路人拿着这些食物来训练狗狗如何与生人打招呼，方

在你带着狗狗上路之前，一定要在静止的车中对它进行适应性训练。训练内容包括：坐下、卧倒、吠叫和保持安静。记住，狗狗学会了如何吠叫之后，再去教它如何保持安静就轻松多了。

法很简单，它们只需坐在那儿静候食物就行了。

狗狗公园里的训练

放任狗狗在公园里玩耍，只会让你在最短的时间内失去对狗狗的控制权。此时你若不横加干涉，情况将会变得一发不可收拾，以后再想获得狗狗的关注就非常困难了。反过来，如果你注意到了“教玩”结合，那么你即便不用牵引绳，也能遥控狗狗，实现对它的良好管束。

如何训练狗狗听到命令后不前来

多数情况下，主人们在解开牵引绳之前并没有命令狗狗坐下或安静下来。狗狗们也总是为了即将到来的游戏时间蠢蠢欲动。它们激动地或上蹿下跳，或大声吠叫。在这样的状态下，一旦解开牵引绳，狗狗们就会愈发躁动不安。重获自由让它们欣喜异常，像一群疯子似的左奔右跑，东闻西嗅，追逐打闹，嬉戏玩耍。主人们则可以站在一旁闲聊，不时瞅上狗狗两眼。最后，回家的时间到了。主人召唤狗狗前来，它闻声而至，主人给它系上牵引绳，游戏时间也随之结束。

这样重复一两次之后，狗狗就会不乐意了。下次若是它在公园里玩得正开心时，遇到主人叫它，它自然不愿理会。有了前两次的经验之后，狗狗自然而然会将听到指令返回与结束在公园的游戏活动画上等号。那么下次它们再听到“前来”的指令时，就会无精打采，不情不愿地回到主人身边。主人们这样的举动只会削弱狗狗服从命令的积极性，换一句话来说，他们是在无意识中鼓励了狗狗收到“前来”命令后不服从或拖延的行为。

实际上，狗狗们从不乐意服从命令到不服从命令只需要很短的时间。

为了延长游戏时间，它们总是不知疲倦地和主人玩着猫捉老鼠的游戏。主人们则跟在后面声嘶力竭地叫唤着："快过来，坏狗狗！"这时候，狗狗在那儿暗自思忖："我才不要呢！上一次你用这样的声调、语气和我说话时，明明气得不行，我要是现在回来就太笨了。你一点儿也没有要表扬我，给我奖励的意思嘛！"作为主人，你一定不想让这样的事发生在自家狗狗身上吧，难道不是吗？

如何训练狗狗听到命令后前来

与之前相反，这一次你需要训练狗狗听到命令后前来，并在公园里解决狗狗的晚餐问题。在狗狗做游戏的时候，大约每隔一分钟叫它一次，命令它坐下并以食物作为奖励。等狗狗乖乖坐下后，再让它去玩。重复练习几次，狗狗就会认为听到命令后前来不过是为了在下一次游戏开始前调整调整，休息休息，享受主人的几句表扬和爱抚，而绝不是吹响了游戏时间结束的"号角"。这样一来，你家有条乖乖犬的消息自然就会人尽皆知了！通常，为了减少对狗狗的打击，我会使用填充食物的磨牙玩具来结束无拘无束的游戏时间。玩具一般是我事先准备好的，放在车子上以便在回家路上给狗狗玩。

除此之外，比起紧急召回训练，训练狗狗紧急坐下或卧倒会更加容易，你可以尝试一下。要知道，紧急坐下命令能够帮助你有效控制狗狗的行为，从而实现限制其活动范围的目的。一旦狗狗服从命令后坐下，（视具体情况）你可以选择不同的处理方式：

1. 如果狗狗已经顺利完成了紧急坐下训练，或者是狗狗周边的环境已然安全的情况下，你可以允许它继续玩耍。
2. 如果是周围的环境发生了改变，狗狗只有在你的身边才会比较安全；

或者是有其他陌生的狗、路人尤其是儿童接近狗狗的情况下，你可以将狗狗召回。一旦狗狗坐下，专注地看着你（等待下一个命令），那就表示它此时非常乐意合作。自然，在你召唤它的时候，它就会很乐意回来了。

3. 如果周围的环境变得比较复杂且要持续一段时间，你最好命令狗狗原地卧倒候命。此时，无论它是漫无目的地四处乱跑，还是服从命令后跑向你，它都不会太安全。比方说，也许有一群学生正要从你和狗狗之间穿过，若是这时候召回狗狗，一定会吓得他们像被击倒的保龄球瓶那样四散奔逃。
4. 如果情况紧急，无论是召回还是原地待命都不是明智之举时，你可以自己走到狗狗近旁，并给它系上牵引绳。在你还未走到狗狗身边时，为了安抚狗狗乖乖等候，你可以试着去做制止的手势来吸引狗狗的注意力。同时，你还不要忘了不时地表扬它几句。比如说，有时候你会有这样的经历：一大群山羊在牧人的驱赶下奔向狗狗。我和自家的爱斯基摩犬在伯克利的蒂尔登公园散步时就遇上过这档子事儿。

四步帮你完成远程紧急坐下训练

一旦解开了狗狗的牵引绳，要想保证对狗狗的高度控制权，你必须在狗狗“脱缰”玩耍的同时穿插一些有趣的训练。从一开始你就应该有明确目标：教练结合，寓教予练。在自由活动时间，大约每隔一分钟打断狗狗一次。举个例子，每一次你可以通过下达“坐下”指令来中止狗狗的自由活动。等它坐下后，再允许它继续玩耍。如此一来，允许狗狗继续玩耍就可以作为一种奖励来强化它的“坐下”行为。狗狗被打断得越频繁，就越能凭借依令坐下而得到更多的奖励。

以下训练方法首先应在安全、封闭的环境下试行，主要适用于：当狗狗在室内或庭院里自由活动时，当狗狗在幼犬培训班接受训练时，当狗狗参加狗狗聚会时，或者是狗狗在公园里自由活动时。

1. 大约每隔一分钟，你要走到狗狗近旁，抓住它的项圈，表扬狗狗几句之后，并给它一些食物作为奖励。接着再让狗狗自由玩耍。刚开始训练的时候，应选择相对较小的空间，比如说在你的厨房。因为在那里，没有什么可以分散它的注意力。练习过几次之后，你还可以试着增加一只狗狗。如果这时候，狗狗不太听话，你很难抓到它，那么你可以向另一只狗狗的主人寻求帮助。你可以要求他去抓自己的狗狗。重复几次过后，可以试着继续增加狗狗的数目。坚持逐步增加狗狗数目，扩大狗狗活动范围的训练方法，直到你的狗狗在后院玩耍时你也能轻松控制它为止。训练期间，你需要准备经过冷冻脱水处理的肝脏作为奖励，这样狗狗就会变得听话多了。
2. 一旦狗狗变得听话了，你只需准备干燥食品就足够了。每一次在你抓住狗狗项圈的时候，命令它“坐下”。巧用食物作为奖励来“诱惑”狗狗坐下。等到它依令坐下，就立刻表扬它并给它一块食物作为奖励。接着继续让它自由活动。
3. 到目前为止，狗狗应该完全适应了你走到近旁抓住项圈的行为。也许，它巴不得你这样做呢！因为它知道，在下一次游戏开始之前，你会给它食物作为奖励。你甚至会觉得它坐下就是单纯为了得到食物。狗狗有这样的表现很好，因为下一步就是要训练狗狗在你抓住它的项圈之前坐下。有了食物作为动力，你只需要走到它身旁，下达命令“坐下”。接着，拿一块食物在它面前晃一晃。立刻，狗狗的注意力就会全都集中在那块食物上了。那么，你就可以顺势引诱狗狗坐下。一旦狗狗选择服从命令坐下，要立刻表扬它并给它一些食物作为奖励。接着再让狗狗继续玩耍。

请注意，在狗狗坐下之前不要与它有任何接触。遇上有些主人耐性不够，就会强迫狗狗卧下。如果你只能借助暴力使狗狗屈服，就永远不能保证狗狗在自由活动时能够老实听话。要是训练进行得并不顺利，你可以借助经过冷冻脱水处理的动物肝脏来诱使狗狗服从命令。

4. 现在的状况是，当你走近狗狗时，它会依令坐下。接下来，你可以对它进行远程坐下训练。这样的练习首先应在没有干扰的室内进行。如果一切顺利的话，接下来你可以试着增加狗狗的数目（增加干扰项）。然后，你无须动弹一步，只要坐在椅子上发出指令："狗狗，坐下！"等候片刻之后，一边跑向狗狗，一边下达命令："坐下，坐下，坐下。"此时，你的语气要有紧迫感，但是千万不要大喊大叫。狗狗一旦坐下，你就要表扬它，抓住它的项圈并给它食物作为奖励。接着再让它继续玩耍。反复训练几次，你会发现虽然自己下达指令的次数减少了，但狗狗却比以前更乐意合作了，因此每次坐下所花费的时间也就越来越短了。同时，你也可以在更远的距离实现对狗狗更好地遥控。最后，你只需站在远处，心平气和地下达指令，狗狗就会立刻执行。

从现在起，只要是狗狗自由活动的时间，你都要穿插相当数量的短时训练。其中，90%的短时训练只需要一秒钟就能完成。在给狗狗下达"坐下"指令之后，立刻发出下一道指示"去玩"。如果狗狗能够做到快速服从命令坐下，就已经说明你对它有足够的控制权，你又何必将狗狗逼得太紧呢？你完全不需要通过延长狗狗的坐定时间来证明自己的控制权。相反，在狗狗坐下后允许它立刻离开能够强化快速坐下训练。当然了，还有10%的训练需要你做出一些改变。当狗狗依令坐下时，你可以命令它进行坐一定训练或卧一定训练。或者你也可以选择走到狗狗近前，抓住它的项圈，然后再让它自由活动。

教玩结合，寓教于乐

在和狗狗做游戏的同时引入一系列的游戏规则，不但能够保证狗狗接受更好的训练，而且还能锻炼它的心智思维。经过这样的训练之后，狗狗就会意识到：玩游戏需要遵守规则，而且遵守规则是令人愉快的。这样一来，训练和游戏也就密不可分了。

奥瑟与来访的三只落基山救生牧羊犬正在客厅里做找寻饼干的游戏。

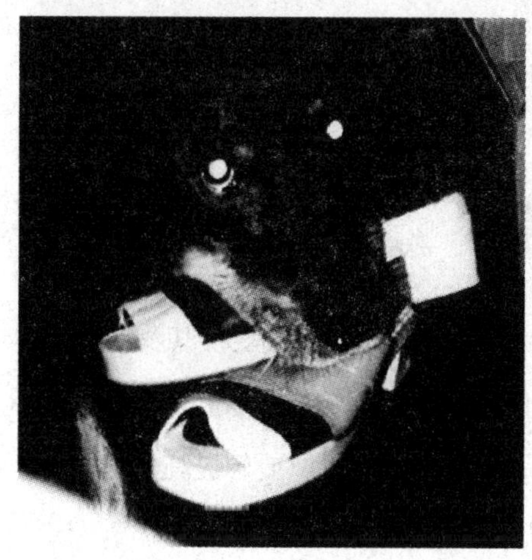

无论你将鞋子藏在哪儿，伊万都能找到。

生活无处不训练

在主人的授意下，伊万和奥利弗在花园尽头的鹿眼树下进行升级版的拔河比赛，一条绳子悬挂在鹿眼树枝头供它们拉扯。如果主人们不教会狗狗如何做游戏，它们就会以狗狗的方式来主导游戏，制定规则。

一位知名作家来我家查找一本介绍狗狗从不撒谎的书，而他的狗狗们却在我的沙发上玩着改良版的“走开，别碰我的塑料玩具”的游戏。

为了保证狗狗能够随时随地依令而行，你需要不断变换其受训地点。每次的训练内容不宜过多，但至少要保证每天 50 次的训练量。在这 50 次的训练当中，最多也就一两次的练习需要超过十几秒。要想提高训练质量，就一定要让训练充分融入狗狗和自己的生活当中。

狗狗的日常生活

一些短时训练（如快速坐下及释放训练）需要贯穿在狗狗散步和自由活动的始末。允许狗狗继续散步或做游戏能够强化狗狗收到命令后快速坐下的行为。因为允许狗狗继续散步或做游戏就是对它们最好的奖励。将训练融入到狗狗的日常活动中：乘车出行，亲眼看着主人准备自己的晚餐，躺在沙发上以及做游戏。比方说，你正在和狗狗进行捡球游戏。在你扔出网球以及从狗狗那儿拿回网球之前，先命令它坐下。以后重复这一过程，但须逐步延长狗狗的坐定时间。

类似的，在狗狗自由活动之前可以穿插一些短时训练。比如说，为了让狗狗躺下，打个滚，你可以抚摸它的肚皮作为奖励；你也可以在狗狗坐定一段时间之后，允许它躺在沙发上作为奖励。在你给狗狗系上牵引绳之前，在你打开门之前，在你命令狗狗跳上车之前，在你允许狗狗下车之前，在你给狗狗解开牵引绳之前，你可以先命令它坐下。当然，你也别忘了让狗狗坐下静候晚餐的到来。

将训练落实到狗狗生活的方方面面，那么在狗狗眼中，训练与游戏并没有什么本质差别。游戏需要有条不紊，训练也可以是一种游戏。

视　训

看电视的同时你也有很多机会训练狗狗。在电视机前摆上狗床，床上放着一堆填充食物的磨牙玩具。在观看训犬节目的同时你也可以留心一下狗狗卧倒之后的行为，遇上广告时段则是绝佳的训练机会。当然你也可以选择在观看视频的同时和狗狗一同练习。

将训练融入你生活的点点滴滴

只要你坚持定期对狗狗进行训练，很快就能发现训练过程是轻松而且愉快的。比如说，每一次你打开冰箱、沏茶、翻报纸或者发邮件的时候，都可以对狗狗进行时间不限的姿态变换训练。如果你只是要求狗狗进行像这类简单的姿态变换训练，即便每天训练50次，也不会影响你的正常生活。记住了，你有责任通过训练来开发狗狗的大脑，使得狗狗能够充分发挥自己的潜能。

在接受卧倒训练之前，奥索正在吊床里接受坐定训练。

一只训练有素的狗狗无论在哪儿都会大受欢迎。它可以在屋子里随意走动，甚至能够帮你做一些零碎活儿。我家的狗狗就喜欢躺在沙发上看探索频道。有时候，我会要求它们挪挪位子，取份报纸，换个频道，打扫打扫房间或者是帮忙准备一下晚餐。因为接受过高级训练的缘故，这些活儿它们都能轻松应对。

菲尼克斯天生就是做这些零碎活儿的行家。

09

幼犬教育的各种优先事项

为了方便读者快速查阅，我按照紧迫性和重要性的顺序，归纳列举出培训时的重要事宜。

一、家居礼仪——从幼犬来你家的第一天开始

家居训练、磨牙玩具训练和教狗狗娱乐性地吠叫的各种方法是到目前为止幼犬教育日程上最为紧迫的事项。从第一天开始，你就要安排准确无误的教学管理方案，包括圈养幼犬的时间表以及可以自由使用装满狗粮的磨牙玩具（漏食球玩具、饼干球和无菌骨头）。简单的行为问题很容易就能得到预防，而行为问题常常是人们对自己的狗狗产生不满，从而最终对狗狗采取安乐死。这是最为常见的。因此，从领养幼犬的第一天开始，教它家居礼仪就应当成为对它的教育中最为优先的事宜。

紧迫性排名：家居礼仪是目前你新领养的幼犬教育日程上最为紧迫的事项。如果你想要避免那些令人厌烦的行为问题，幼犬第一天到你家时就必须开始训练。

重要性排名：教幼犬家居礼仪是极其重要的。一旦主人允许幼犬养成在家里随地大小便、乱咬乱叫、挖洞和溜走的毛病，那么它们很快就会变得不受欢迎。

二、独自待在家中——幼犬被领养的最初几周

令人感到惋惜的是，如今有越来越多的人开始在室内养狗，因此幼犬

越来越有必要学会适应独自在家的情况。不仅仅是为了确保幼犬在没有人监督的情况下还能老老实实的，更重要的是能够防止它独处时的焦虑。事实上，二者是相辅相成的，因为当幼犬感到焦虑时，它就倾向于更经常地吠叫、啃咬、挖洞和随地大小便，这样就违反了家居礼仪。从一开始，尤其是领养幼犬的最初几周内，你就得教幼犬如何静静地、平和地以及自信地自娱自乐。否则的话，当被独自地留在家里时，它绝对有可能会感到非常有压力。

紧迫性排名：教育幼犬自信地独处是它的教育日程上第二重要的事项。在幼犬被领养的最初几周内，给予它过多的关注和溺爱是不合理的做法，因为这样只会使得幼犬在大人回到工作岗位以及孩子回到学校时被孤独感所吞噬。在领养幼犬的最初几周内，你要监控它的行为，要教它如何学着在自己的特定活动范围里玩耍并保持安静。尤其要确保给幼犬准备一些打发无聊时光的好玩具（比如说装满狗粮的磨牙玩具），这样幼犬就能在你离开的这段时光里有事可做，并且开心地度过独处的时光。

重要性排名：让幼犬准备好如何独处对于你家的清净，尤其是对于幼犬的清净都是至关重要的，因为这样可以防止它养成在家里随地大小便、乱咬和乱叫的毛病。如果幼犬依赖性过强、感到有压力且焦虑的话，那可不是一件好玩的事。

三、与人类的交际——一直都要进行但是在幼犬三个月大之前尤其重要

许多幼犬训练的技巧都是教爱犬如何享受人类的陪伴和各种行为。社会化程度高的狗狗是自信和友善的，它不会畏畏缩缩和充满攻击性。当你向每位家庭成员、客人和陌生人展示如何把幼犬叫过来、坐下、躺倒、打滚以及喂狗粮的时候它是很开心的。跟社会化程度低的狗狗一起生活会是

一件令人沮丧、别扭甚至有潜在危险的事，而且对于这些狗狗来说，它们也承受着巨大压力。

紧迫性排名：许多人认为幼犬训练班就是教幼犬如何和人们交往的，严格上讲这个观点并不十分正确。当然，幼犬训练班的确给那些已被社会化了的幼犬提供了继续跟人们交往的方便场所，但是在幼犬三个月大之前还不能参加幼犬训练班的时候，它必须得能够很好地跟人们交往。幼犬三个月大的时候就很难再接受社会化训练了。因而要训练幼犬能够很好地跟人们交往还是比较紧急的。在幼犬被领养的第一个月里，它至少要去接触一百个不同的人，并跟他们进行互动！

重要性排名：对爱犬进行社会化训练，让它喜欢和人们待在一块是非常重要的（仅次于它该学习如何去控制自己的啃咬力度），位居第二。请记住，当爱犬进入青春期时，除非它每天都能结识生面孔，否则它就会打破之前社会化的成果。所以要经常去遛遛你的狗狗，或者是扩大你家中的社交圈。

四、狗狗之间的交际——在狗狗三个月大和四个半月大之间进行

当爱犬长到了三个月大，就得抓紧时间训练它如何跟其他的宠物狗交往了。是时候给它报名参加幼犬训练班，带它进行长时间散步，去参观狗狗公园了。社会化程度高的狗狗更喜欢玩耍而不是啃咬或打架，而且就算真打起来了，啃咬力度也不会大。

紧迫性排名：如果你希望狗狗长大后喜欢和其他的狗狗一起玩耍的话，那么参加幼犬训练班以及出去溜达对于它来说是相当重要的，尤其是当它被隔绝在室内很长时间，已经对细小病毒症以及其他严重的犬类疾病有了免疫力的时候，即三月龄左右。

重要性排名：很难给狗狗同类交际的重要性排名次。根据主人生活方式的不同，这个品质的重要性也有所不同。如果你希望常和成年狗狗外出散步

的话，那么带幼犬去参加幼犬训练班、逛狗狗公园，从而接受早期的社会化教育是必不可少的。然而，令人惊奇的是，很少有人会去遛自己的狗狗。尽管大型犬和城市里的狗狗有被经常带出去溜达的机会，而小型犬和郊区的狗狗却很少有这样的待遇。

不管你希望自己的狗狗长大后拥有怎样的社交能力，狗狗之间的玩耍（尤其是幼犬时期的打着玩儿和咬着玩儿）有利于啃咬控制力的养成。仅就这一个原因，参加幼犬训练班、逛狗狗公园就是幼犬三月龄的时候第一优先的事情。

五、命令幼犬坐下和安静下来的训练——想让它随时随地听你指挥？那就开始训练吧

如果你要教幼犬听从一些命令的话，想必就得让它服从“坐下”和“安静”的口令。你只要想想当幼犬坐着的时候有多少淘气的事是它干不了的，就知道这两个命令有多重要了。

紧迫性排名：社会化和啃咬控制力的训练都得在狗狗幼年的时候进行，和它们不同的是，教狗狗坐下和安静无论它多大的时候都可以进行，而且很容易教狗狗学习掌握这些并充满了乐趣，所以不需要太急。然而，为什么不在领养幼犬的第一天就教它一些基本的礼仪呢？如果你养的是个小狗崽，为什么不在它四五周大的时候就开始呢？干吗非等到它惹你生气了你才感觉到这两个命令的重要性呢？要知道，命令它坐下和安静能够解决大多数的问题。

重要性排名：给这事排名次也不是一件容易的事。我个人希望狗狗就要狗模狗样的，而不是非得变成人类的“兄弟姐妹”。另外，许多人也可以和那些从来没有接受过任何正式教育的狗狗很愉快地生活在一块。如果你觉得自己的狗狗对你来说十分完美，那么你可以决定要不要教它基本礼仪。但是如果你或是其他人发现你的狗狗的行为让人生厌，那为什么不教它该如何举止得体呢？

事实上，一个简单的“坐下”命令就可以防止大部分烦人的行为问题，包括乱跳、乱蹿、溜走、骚扰人、追着自己的尾巴玩以及追逐猫咪，等等。狗狗令人厌烦的行为还有许多，很难全部列举出来。从一开始就教狗狗如何正确地坐着，而不是试图去纠正它的错误行为，这样一来教它如何举止得体就会容易得多。不管怎样，不知者无罪，你首先得让它知道什么是正确的行为方式才行。

六、啃咬控制力的训练——在幼犬四个半月大的时候

咬人不疼方称好狗一只。我们希望你的狗狗从来都不咬人不打架，但是如果它动口了，那么良好的啃咬控制力也能确保它咬人却不伤人。

社会化是一直在进行的，在这个过程中幼犬的经验不断得以丰富，信心也得以构建，这样就可以帮助幼犬在长大后能够巧妙应对每天生活中的挑战和变化。然而，让幼犬为将来可能发生的所有不测做好准备是很重要的，虽然成年狗狗很少会受到严重的伤害、惊吓或有心理压力。即便受了伤害，它也很少会像泼妇似的不依不饶。狗狗会习惯性地咆哮和啃咬，所以狗狗幼犬时期接受的啃咬控制力的训练水平直接决定了在这些情况下狗狗的杀伤力有多强。

啃咬控制力弱的成年狗狗很少会咬人，可一旦它们真的咬了就会刺破人的皮肤。而啃咬控制力强的狗狗在玩耍的过程中经常会啃咬，但即使如此，它们也不会咬破皮肤，因为它们在幼年的时候就已经学会在不咬坏任何人或物的前提下，发泄自己的不快。

啃咬控制力是狗狗（以及其他动物）成长行为中遭受误解最多的方面之一。许多主人压根儿就不让他们的狗狗啃咬，这绝对是一个致命的错误。如果幼犬被剥夺了咬着玩儿的权利的话，它就不能习得可靠的啃咬控制力。事实上，幼犬天生就是犬牙锋利的撕咬机器，所以它们在自己的上颚和下颚能够使上力之前，就要知道自己的啃咬是具有杀伤力的。然而如果幼犬永远都不被允许咬着玩儿的话，那么它们就永远都学不会如何去控制啃咬

的力度了。

啃咬控制力训练的步骤首先包括教幼犬如何循序渐进地控制自己的啃咬力度，直到原本幼犬在玩耍过程中的啃咬力度越来越小，直到真正做到咬人不痛，那时候——而且只有在那时我们才能着手一步一步地教幼犬如何控制啃咬频率。这样幼犬就会明白，啃咬是不好的，用力啃咬更是不被人们接受的。

紧迫性排名：既然爱犬已经长到了四个半月大，那就赶紧抓紧时间确保它能够领会这一点。幼犬啃咬的次数越多，它长大后牙齿就越不会造成伤害，因为它有更多的机会去弄明白啃咬是具有伤害性的。

如果你担心自己幼犬的啃咬行为，那就立刻给它报名参加幼犬训练班。你可以进一步向训犬师咨询一些意见，幼犬也会在玩耍的过程中释放部分精力，并且重新定位它对其他幼犬的啃咬行为。

重要性排名：啃咬控制力是至关重要的，到目前为止，它是所有狗狗，甚至是任何动物都应当具备的且也是唯一最重要的品质。和一只啃咬控制力不明的狗狗生活在一起，烦人又危险。狗狗必须在其幼年的时候就学会控制自己的啃咬行为，而且你也得充分地明白该如何去教它。等狗狗长成青年犬或成年犬的时候再去教它可就为时已晚了。

需要教幼犬的最为重要的几件事

1. 啃咬控制力
2. 与人类的交际
3. 家居礼仪
4. 独自待在家中
5. 坐下及安静下来的命令
6. 狗狗之间的交际

需要教幼犬的最为紧迫的几件事

1. 家居礼仪
2. 独自待在家中
3. 与人类的交际
4. 狗狗之间的交际
5. 坐下及安静下来的命令
6. 啃咬控制力

10

训练幼犬的家庭作业安排表

所有行为上的、训练上的和性情上的问题在狗狗幼年的时候都能很容易地得到预防。而同样的问题在狗狗成年后再去解决，难度可就加倍了。被隔离时的焦虑、恐惧以及对人类的进攻行为必须在幼犬三个月大之前制止。因此，要让家庭成员和朋友们检查你是否每天都做家庭作业。如果你不教狗狗，又怎么能指望它无师自通呢？

每个星期都要重复地完成（及扩充）家庭作业安排表上的要求。检查自己是否完成了其中的每一项，并且根据次数、时长和百分比等参数给自己打分。

独自待在家中

在幼犬来你家的头一个星期里，你一定要进行家庭训练，教会它守规矩地独自在家待着，别趁着家里没人就整个“犯罪现场”出来。以下两点至关重要：第一，狗狗大部分的时间是在自己短期或长期的拘禁范围内进行自学；第二，幼犬的所有食物都是来源于漏食球、人类的手以及它的食盆等。

狗狗时间安排的百分比：	**周一**	**周二**	**周三**	**周四**	**周五**	**周六**	**周日**
1. 与填充着狗粮的磨牙玩具一起待在短期的拘禁区域 …………………………………	□	□	□	□	□	□	□
2. 与填充着狗粮的磨牙玩具一起待在带有卫生间的长期拘禁区域内 …………………………………	□	□	□	□	□	□	□

	周一	周二	周三	周四	周五	周六	周日
3. 与人类一起玩耍和训练，并能得到百分之百的监督和回馈…………	☐	☐	☐	☐	☐	☐	☐
4. 在房子里探索并且能得到百分之百的监督和回馈…………	☐	☐	☐	☐	☐	☐	☐
5. 不受监督地去探索房子和院子…………	☐	☐	☐	☐	☐	☐	☐

请记住，如果你放纵幼犬在房子里和院子里随意地逛荡的话，它一定会被惯出一身毛病的：随地大小便、啃咬、狂叫、挖洞、溜走以及其他由于焦虑而产生的问题。

爱犬每天饮食（狗粮和其他的吃食）的来源百分比：

	周一	周二	周三	周四	周五	周六	周日
1. 空心的磨牙玩具里填充的狗粮…………	☐	☐	☐	☐	☐	☐	☐
2. 陌生人亲手喂食…………	☐	☐	☐	☐	☐	☐	☐
3. 家人和朋友亲手喂食…………	☐	☐	☐	☐	☐	☐	☐

你实行的训练的百分比：

	周一	周二	周三	周四	周五	周六	周日
1. 在家的时候对幼犬进行长期的拘禁…………	☐	☐	☐	☐	☐	☐	☐
2. 在不同的房间里对幼犬进行短期的拘禁…………	☐	☐	☐	☐	☐	☐	☐

你在家的时候也可以偶尔地把幼犬关到圈里，监视它的行为。一旦爱犬做到只要一个磨牙玩具就可以快速安静下来的时候，你就无须再用小围栏去搭建短期的拘禁地了。

	周一	周二	周三	周四	周五	周六	周日
1. 幼犬因为使用了自己的卫生间而得到的食物奖赏次数…………	☐	☐	☐	☐	☐	☐	☐

周一 周二 周三 周四 周五 周六 周日

注解：这是对幼犬进行家庭教育最为便捷的方法！

2. 幼犬从自己的食盆里饮食的次数

……………………………□ □ □ □ □ □ □

注解：除非你是在训练幼犬在自己的食盆里饮食，不然用珍贵的狗粮来填充啃咬玩具，以及把狗粮给家人、朋友和陌生人来奖赏幼犬更为合适。

3. 狗狗乱咬的次数…………………□ □ □ □ □ □ □

4. 狗狗在家里随地大小便和淘气的次数

……………………………□ □ □ □ □ □ □

在幼犬来到你家的最初几个星期里，任何问题都要严肃地对待。喜欢在家里搞破坏的幼犬通常都会被打入冷宫，拴到院子里去，在那儿它会吠叫、挖洞，又无聊内心又充满焦虑。应当在幼犬早期的时候将它和填充了狗粮的磨牙玩具放在一起，同时教它什么是可以啃咬的，该在何时何地大小便，又该如何静静地待着。若幼犬不再经常犯错，那就可以让它待在室内，进而可以防止它到处挖洞或溜走。

啃咬控制力

1. 狗狗咬着玩儿和打着玩儿的次数

……………………………□ □ □ □ □ □ □

当狗狗啃咬你手的时候，你给它的正确反应越多，它学会减小自己啃咬力度的速度就越快。随着狗狗整个幼犬时期及青春期内玩耍欲的增强，它啃咬你的次数会越来越多。但是，狗狗咬痛你的次数会在它三个半月大的时候达到顶峰，因为那个时候它的上颚和下颚已经发育得足够强壮，之后咬痛你的次数会减少，因为它已学会控制力度了。

	周一	周二	周三	周四	周五	周六	周日
2. 幼犬咬痛你的次数………………	□	□	□	□	□	□	□

日常生活中幼犬咬痛你的次数应在它四个月大的时候急剧减少，如果情况并非如此，就应该立刻向训犬师寻求帮助。

3. 每次训练时段的停顿次数（坐下或安静）……………………………	□	□	□	□	□	□	□

你要尽可能多地去打断幼犬的玩耍，等到再让它重新开始玩的时候它就会觉得这是对它听话中止玩耍的奖励了。

4. 你要监督幼犬玩玩具的次数……	□	□	□	□	□	□	□

这个练习有助于延长玩具的使用寿命，而且也是教会幼犬控制啃咬力度的好办法之一。请记住布娃娃和充气玩具不是磨牙玩具——狗狗可不能误食了这些东西。

你是否还没有教幼犬如何在恰当的时候发声（吠叫和咆哮）？那么现在就是最佳时机。

你给幼犬报名参加幼犬训练班了吗？训练班给幼犬提供了学习如何控制自己啃咬行为的最佳场所，而一切都在你的掌控之中。

在家中的社会化教程和训练

在爱犬长到一个月大之前，它必须得跟至少 100 人交往。也就是说一个星期要见 25 个人，或一天 4 个人。给见过幼犬的人的数量列个单子：

	周一	周二	周三	周四	周五	周六	周日
1. 总人数	□	□	□	□	□	□	□
2. 男士的数量	□	□	□	□	□	□	□
3. 陌生人的数量	□	□	□	□	□	□	□
4. 孩子的数量	□	□	□	□	□	□	□
5. 婴儿的数量（0~2 岁）	□	□	□	□	□	□	□
6. 蹒跚学步的孩子的数量（2~4 岁）	□	□	□	□	□	□	□
7. 儿童的数量（4~12 岁）	□	□	□	□	□	□	□
8. 青少年的数量（13~19 岁）	□	□	□	□	□	□	□

要时时刻刻地监督着幼犬和孩子们。可以让幼犬闻闻婴儿的尿布，但一定要保护好婴儿的脸和手。你可以手把手地教小孩子给幼犬喂食、对它进行训练。如果儿童和青少年能够得到合适的指导和监督的话，他们就能成为优秀的小训犬师。

1. 开幼犬派对的次数	□	□	□	□	□	□	□
2. 每次参加幼犬派对的人数	□	□	□	□	□	□	□
3. 能成功使唤狗狗的客人数量	□	□	□	□	□	□	□
4. 每次派对上作怪的人的数量	□	□	□	□	□	□	□

幼犬得去接触那些戴着帽子、头盔、太阳镜和留着胡须的人们，以及那些行为古怪的、会做鬼脸的、很出众的、走起路来像另类摇滚家约翰·克莱斯的人，会做出各种嘈杂声音以及装着在吵架的人们。

5. 举（抱或约束）过爱犬的客人的数量	□	□	□	□	□	□	□

	周一	周二	周三	周四	周五	周六	周日
在检查过幼犬的以下部位后给它狗粮的客人数量：							
1. 口鼻……………………………	□	□	□	□	□	□	□
2. 耳朵……………………………	□	□	□	□	□	□	□
3. 爪子……………………………	□	□	□	□	□	□	□
4. 臀部……………………………	□	□	□	□	□	□	□
在做了以下的事情之后家中的一位成员给幼犬狗粮的次数：							
1. 检查幼犬的口鼻…………………	□	□	□	□	□	□	□
2. 检查幼犬的两只耳朵……………	□	□	□	□	□	□	□
3. 检查幼犬的每只爪子……………	□	□	□	□	□	□	□
4. 拥抱或约束幼犬…………………	□	□	□	□	□	□	□
5. 摸摸幼犬的肚子…………………	□	□	□	□	□	□	□
6. 抓住幼犬的项圈…………………	□	□	□	□	□	□	□
7. 给幼犬刷毛梳洗…………………	□	□	□	□	□	□	□
8. 检查以及梳洗幼犬的牙齿………	□	□	□	□	□	□	□
9. 修剪幼犬的指甲…………………	□	□	□	□	□	□	□
你实行训练的次数：							
1. 教幼犬走到身旁、坐下、躺倒和待着时给它狗粮的次数……………………………	□	□	□	□	□	□	□
2. 在教幼犬学习“松口”、“接着”和“轻点”时用手喂它狗粮的次数……………………………	□	□	□	□	□	□	□
3. 在教幼犬学习“松口”、“接着”和“谢谢”的时候用玩具（球球、骨头、磨牙玩具和纸巾）来替换狗粮的次数……………………………	□	□	□	□	□	□	□
4. 训练狗狗从自己食盆里饮食的次数……………………………	□	□	□	□	□	□	□

在外界自由的社会化教程和训练

外面的大千世界对于一只三月龄的幼犬来说会是一个相当恐怖的地方。不要着急地逼着幼犬去适应这一环境。在你的房子或公寓附近找一条宁静的大街，把幼犬带到那儿，让它自由地去观察周遭的世界。但一定记住要用野餐袋子把幼犬的饭食（狗粮）带着，在五六次的野餐之后，幼犬就会变得能够不慌不忙地待在外界的环境中、淡然地看着车水马龙，并且喜欢上这一切的。

- 每次有人或狗狗经过时就用手喂幼犬一块狗粮。
- 每次有儿童、卡车、摩托车、自行车和滑滑板的人经过时，如果幼犬反应良好，就赏它一片冷冻脱水的动物肝脏。让陌生人和儿童把冷冻脱水的动物肝脏喂给乖乖坐着的狗狗。在幼犬派对上让狗狗见识到那些交通工具，这样的话，幼犬再看到那些可能让其感到害怕的潜在刺激物时就能更好地应对。
- 再在一条更为繁华的大街上，在市中心的商业区内，在儿童的操场附近，在购物中心里以及在靠近其他动物的郊区重复以上的程序。另外，还要确保爱犬有机会去探索办公楼、楼梯、电梯和各个楼层。

	周一	周二	周三	周四	周五	周六	周日
1. 幼犬见到的生面孔的数量………	□	□	□	□	□	□	□
2. 幼犬见到的陌生同类的数量……	□	□	□	□	□	□	□

要让幼犬一直都具有社交能力并且保持友善品性的话，它每天至少得和三个陌生人和三条陌生狗狗接触。否则之前受到的社会化训练的成果会在狗狗青春期（四个半月大和两岁大之间的时期）的时候毁得一塌糊涂。

1. 出去散步的次数…………………	□	□	□	□	□	□	□

	周一	周二	周三	周四	周五	周六	周日
2. 逛狗狗公园的次数………………	□	□	□	□	□	□	□
3. 每次散步的过程中停顿的（坐下和躺倒）次数………………………………	□	□	□	□	□	□	□
4. 每次散步的过程中安静一分钟的次数………………………………	□	□	□	□	□	□	□
5. 每次逛狗狗公园时命令或紧急命令幼犬坐下和安静的次数………………………………	□	□	□	□	□	□	□
6. 每次在出去散步之前幼犬大小便的次数………………………………	□	□	□	□	□	□	□
7. 你在车里训练幼犬的次数………	□	□	□	□	□	□	□
8. 在幼犬跟其他狗狗打招呼后你夸奖和打赏它的次数………………………………	□	□	□	□	□	□	□

从你用于将训练与幼犬的生活方式相结合的活动和游戏，对于幼犬的奖赏中列出它最喜欢的十项。

1.

2.

3.

4.

5.

6.

7.

8.

9.

10.

列举出那些你和幼犬一起玩耍，并能将训练变得简单和具有享受性的游戏。

	周一	周二	周三	周四	周五	周六	周日
1. 你被幼犬的行为弄得沮丧的次数……………………………………	□	□	□	□	□	□	□
2. 你呵斥或惩罚幼犬的次数………	□	□	□	□	□	□	□

如果事情并非顺利按计划进行，而且你对幼犬学习的进程不满意，那就立刻向训犬师寻求帮助吧。

如果你已经尽了自己的职责，做了本书中所描述的所有事情，那么恭喜你！你已经拥有了一只品行良好、行为举止得体的狗狗，有了它的陪伴，漫漫人生何苦无趣？今天就让狗狗吃顿大餐吧，赞赏它是“好狗狗”！还有，别忘了夸奖自己，对自己说：“干得好！你是位超级棒的主人！”

致 谢

非常感谢布鲁斯·柏林格博士、简·史蒂文森和简的父亲。感谢他们对我的原始手稿提出了极富建设性和批判性的意见，他们的所作所为远不只是指出手稿中的缺点。谢谢你们大家！这本书其实是重新改写的。我尤其想要感谢简，她自始至终地支持着这个宠物犬主人教育项目，给予了我坚定不移的鼓励和热情。

我的大多数书是由詹姆士和肯尼思出版社出版的——它是一家独立的专门出版宠物犬类图书的出版社。尽管詹姆士和肯尼思出版社在犬类训练这个领域备受推崇，但是它却不为养狗的大众所熟知。我非常高兴能够有新世界图书馆这样的优质出版单位作为我们的合作伙伴，联合出版该书的精装版，这将有利于本书的推广，同时也意味着更多狗狗的主人和狗狗的生活会因此而受益。

特别感谢杰森·加德纳，他是新世界图书馆的编辑，是一个很会调动别人情绪的人。他其实是这本书的幕后推动者。这本书的每一页都得益于杰森犀利的批改和他对狗狗的专业认知。从这个项目的一开始，我就知道杰森一定会喜欢有狗狗陪伴的生活。他对于文章的许多编辑性的改编代表了许多宠物犬主人的观点。

在这之前，我的文章从来没有经历过如此彻底和“无情”的编辑，但这的确使本书保证了行文的相关性，避免了啰唆的教条和空话。取而代之的是大量极其有用、极其重要的预防性、指导性的内容以及对基于表扬策略的训练系统的介绍。谢谢你，布鲁斯。谢谢你，简。谢谢你，简的父亲。特别要感谢你，杰森。